国学经典

[明]袁了凡 著

邱高兴 王连冬 注译

了凡四训

中州古籍出版社

·郑州·

图书在版编目（CIP）数据

了凡四训 /（明）袁了凡著 ；邱高兴，王连冬注译 .—郑州 ：中州古籍出版社，2010. 6（2024. 10 重印）
（国学经典）
ISBN 978-7-5348-3380-9

I. ①了… Ⅱ . ①袁… ②邱… ③王… Ⅲ . ①家庭道德 – 中国 – 明代 ②了凡四训 – 注释 ③了凡四训 – 译文 IV. ① B823.1

中国版本图书馆 CIP 数据核字（2010）第 110924 号

LIAOFAN SI XUN
了凡四训

责任编辑 刘 晓
责任校对 李接力
装帧设计 张 胜
美术编辑 李志英

出 版 社 中州古籍出版社（地址：郑州市郑东新区祥盛街 27 号 6 层
邮编：450016 电话：0371-65723280）
发行单位 河南省新华书店发行集团有限公司
承印单位 河南印之星印务有限公司
开 本 640 mm × 960 mm 1/16
印 张 9.25
字 数 100 千字
印 数 71 001—76 000 册
版 次 2010 年 6 月第 1 版
印 次 2024 年 10 月第 18 次印刷
定 价 15.00 元

前言

一、作者生平

《了凡四训》是明清以来在民间流行甚广的劝人为善之书，作者为袁黄。袁黄，原名袁表，字庆远、坤仪、仪甫等。初号学海，后改为了凡，并以了凡之号著称于世。了凡先生的生平资料主要有清代彭际清所撰《居士传》卷四十五的《袁了凡传》，以及《了凡四训》中有关其生平的自述。此外各类方志中也有关于了凡先生生平的记载。下面主要依据上述资料，参考现有的研究成果，对袁了凡的生平做简要介绍。

袁家先祖自河南迁徙至江南，生活在吴越地区。袁了凡的父亲袁仁在《怡杏府君行状》中说："余上世，自陈州徙江南，散居吴越间。八代祖富一公，由语儿溪徙居嘉善之净池。历三百余年至吾祖菊泉先生，始入赘吴江之芦墟里，承徐氏故业居焉。"① 就是说袁家先祖很早以前就从今河南周口淮阳（古陈州）一带迁徙至江南。到八代祖富一公时，从今浙江桐乡市西南崇福镇东南的语儿溪

① （明）袁仁：《怡杏府君行状》，台北"国家图书馆"藏《袁氏丛书》之《重梓参坡袁先生一螺集》。转引自章宏伟《袁了凡生平事迹考述》一文。

迁到了陶庄一带。到袁仁的祖父菊泉先生时，入赘吴江芦墟的徐家。菊泉先生有三子，其中袁仁的父亲袁祥再入赘嘉善的殳家，从吴江又回到了嘉善治内。吴江和嘉善环绕汾湖相望，相距不远。了凡即出生在嘉善。但了凡先生罢官后又回到了芦墟的赵田居住，故而有的传记称了凡为吴江人，有的说为嘉善人。但了凡先生是以嘉善县的生源来参加科举考试的，彭际清居士说："了凡之先，赘嘉善殳氏，遂补嘉善县学生。"①

据袁了凡的曾祖父袁颢（菊泉）所撰《袁氏家训》，袁氏家族原为当地大家族，十分富有。至袁颢父亲袁顺（杞山）时因为受到谋反案的牵连被抄家，袁顺仓皇出逃，隐姓埋名，直到后来被免罪后，安居在吴江。后来朝廷颁布了归还被查抄土地的政令，袁顺才回到陶庄，但被归还的土地仅剩原有的四分之一。袁颢以医术知名于乡里，《嘉善县志》说他"博学而隐于医"。在行医的同时，他还善于用诊脉来预测吉凶、劝人向善。如有人不孝，前来诊病，袁颢把脉后说：心脉代表自己，肝脉代表父母。从你的脉象看，心脉强而肝脉弱，好像你对父母不孝。要立刻改正，否则三日后有火灾。三日后果然这人家里遭遇火灾，由此信服袁颢，并对父母十分孝顺。袁颢生有三个儿子，次子就是了凡的祖父袁祥，字文瑞，号怡杏。袁祥生子袁仁，号参坡，也就是了凡的父亲。袁仁继承祖传之医术，并精通天文地理、历律书数、兵法水利等。曾随王阳明的弟子、泰州学派的代表人物王艮习阳明之学。据同为阳明弟子的王畿所撰《袁参坡小传》，袁仁曾在王艮引见下，拜见过王阳明，并向他询问阳明良知说的真义。王阳明以诗作答说："知得良知却是谁，自家痛痒自家知。若将痛痒从人问，痛痒何须更问为。"但二人并无师生之名分，王阳明一直把袁仁当作朋友来看待。王畿对袁

---

① 《居士传》卷16，《卍新纂续藏经》第88册，第266页中。

仁的学问十分敬佩，称：“公之学问能洞穿性命之精，而不弃人事之粗，能明了玄禅之奥，但弗敢有悖仲尼之轨。天文地理历书兵刑水利之属，无不涉猎。尤钟情医学，尽毕生以济人。”袁仁的著作有《内经疑义》《本草正讹》《痘疹家传》等百余卷，诗文《一螺集》八十卷，《周易心法》《毛诗或问》《贬蔡编》《针胡编》《三礼穴法》等。袁仁共有五子三女，先与王氏生子袁衷、袁襄。王氏去世后，袁仁又娶李氏，生三子三女，三子为袁裳、袁表（黄）、袁衮。附表如下：

袁颢（菊泉）
- 袁禧（杏林）
- 袁祥（怡杏）——袁仁（参坡）
  - 袁衷（两山）
  - 袁襄（春谷）
  - 袁裳（星槎）
  - 袁表（黄）
  - 袁衮（观海）
- 袁祯（杏轩）

袁了凡为袁仁的第四子，袁仁在《嘉禾记》中说：“时嘉靖癸巳岁也。……十二月十一日，生第四子。”嘉靖癸巳岁，即嘉靖十二年，公元1533年，就是说袁了凡出生于1533年。袁仁对袁了凡的教育也颇为重视，在他初期学习作文时，袁仁即在作业簿上为他题写了“八戒”：毋抄袭、毋雷同、毋以浅见而窥、毋以满志而发、毋以作文之心而妄想俗事、毋以鄙秽之念而轻测真诠、毋自是而恶人言、毋倦勤而怠己力。大约在袁了凡14岁时，袁仁去世。“至（丙午）七月初四日，亲友毕集，诸兄咸在，呼予携纸笔进前，书曰：附赘乾坤七十年，飘然今喜谢尘缘。须知灵运终成佛，焉识王乔不是仙。身外幸无轩冕累，世间漫有性真传。云山千古成长往，那管儿孙俗与贤。投笔而逝。”① 父亲临死前将所藏大部分书籍都留给了了凡。“遗书二万余卷，父临没，命检其重者，分赐侄辈，

---

① （明）钱晓订：《庭帏杂录》卷下，《学海类编》第35册。

余悉收藏付余。母指遗书泣告曰：‘吾不及事汝祖，然见汝父博极群书，犹手不释卷。汝若受书而不能读，则为罪人矣。’予因取遗籍恣观之，虽不能尽解，而涉猎广记，则自蚤岁然矣。”① 父亲去世后，了凡奉老母之命放弃参加科举考试，继承家学，开始学医。他后来在慈云寺中遇到一位老者，见其须髯飘飘，身材魁伟，貌若仙人。询问方知此老者姓孔，云南人，自称得邵雍《皇极经世书》的真传。老者对了凡说：“你命中注定乃官场中人，明年就能考中秀才，为何学医而不去读书呢？”袁了凡自述放弃举业的缘由，并领老者来到自己家中。老者善于卜算，几次试验，都十分准确，分毫不差。了凡的母亲也十分信服，嘱咐他善待老者。在孔姓老者的影响下，了凡的母亲改变了看法。袁了凡重新动了读书的念头，和表兄沈称商量后，就到了郁海谷先生开的私塾里读书，准备科举考试。孔姓老者在了凡家里时，曾为了凡推算过一生的命数，说他县考时应考得第十四名，府考应考得第七十一名，提学考应考得第九名。并且还推算他某年当补选为廪膳生，某年当做贡生；成为贡生后某年应当选为四川一个县官，在任三年半，便该辞职回乡；到五十三岁那年的八月十四日丑时，应寿终正寝。一生没有儿子。这些推算，了凡都记录了下来。其后在他参加考试的过程中，这些推算都一一获得验证，唯独在他成为贡生的时间上稍有出入，这曾经引起了凡先生的怀疑。孔姓老者算定当他领到九十一石五斗廪米，才能升级为贡生。实际上等了凡领到七十一石廪米时，提学屠大人就批准了凡补了贡生。但是他的补贡生资格随后被署印杨大人驳回。直到丁卯年（1567），提学殷秋溟大人看到了凡在考场中的备选试卷后，慨叹道：“这本卷子所做的五篇对策，竟如同上奏给皇帝的奏议一样。怎能让文章写得如此之好的儒生，被埋没了呢？”于是，

① （明）钱晓订：《庭帏杂录》卷下，《学海类编》第35册。

提学殷秋溟大人批准他升为补贡。到这时，了凡所得廪米的总数确实是九十一石五斗，和孔先生所算不差分毫。经过了这些周折，了凡先生的经历始终都在孔先生算定的范围内，使其更加相信命运的安排，“余因此益信进退有命，迟速有时，澹然无求矣”。这种命运观在中国古代社会相当流行，只是在袁了凡这里表现得更为极端。

补为贡生后，了凡即到北京国子监学习，在此停留了一年时间，“终日静坐，不阅文字”。己巳年（1569），他返回南方，在入南京国子监学习前，先拜访了栖霞山的云谷禅师。云谷禅师是当时知名的禅僧，明代四大高僧之一的憨山德清曾跟随他学习。了凡先生和禅师见面后，并无过多的言语。二人共处一室，结跏趺坐，三天三夜未曾合眼。云谷禅师对这个初次见面的年轻人十分惊奇，问他在何处修行，能达到如此澹然无念的状态。了凡回答说：“我的命运已经被孔先生预测得很清楚了，荣辱生死，皆有定数。即便是自己有一些想法，也不能改变命运的安排，所以就干脆什么都不想了。”云谷听后说：“我把你当作豪杰一样对待，原来你只是个凡夫俗子。”随后，云谷禅师开导他说，人在世间，皆有命数，这固然不错。但难道你没有看到这只是对普通人所言的吗？大善人和大恶人都不受命运的摆布。你二十年来只是被命运摆布，算不得大恶大善之人，所以我说你只是个凡夫俗子。实际上，命由我作，福自己求。从此，了凡豁然开朗，放弃了宿命论的立场，开始按照云谷的教诲修善行，积累功德。首先，他在佛前将以前所犯的各种罪恶通通做了忏悔，随后发愿做三千件善事。云谷还给了凡功过格，让他记录每日所行善恶之事，并且教他持准提咒。为了表示自己的脱胎换骨，他把自己原来的号学海改成了凡，象征自己觉悟到了命运之真谛，不再落于凡夫之窠臼。

袁了凡原来命运观的形成，及其受云谷禅师的开导后，命运观发生转变，其家庭的影响是一个重要原因。在袁了凡父亲在世时，家中即常有方士出入，“有王某者，善风鉴，江湖奇士也。来访父，坐定，闻门外履声橐橐。王倾耳曰：有三品官来。及至，则表兄沈科也”。袁仁自己也说：“汝曾祖菊泉先生尝语我云：吾家世不干禄仕，所以历代无显名，然忠信孝友则世守之，第令子孙不失家法足矣。即读书亦但欲名理义，识古人趣向。若富贵，则天也。”此外了凡父母的佛教信仰对其影响也不容忽视。他的母亲“平日念佛，行住坐卧皆不辍”，他的父亲虽受儒家影响很深，但对佛教因果观念颇为重视，曾说：“吾目中见毁佛辟教及拆僧房僭寺基者，其子孙皆不振，或有奇祸。”并举了很多例子总结说“论其毁法轻教，宁能无报乎，尔曹识之！”①

袁了凡除了和云谷禅师的因缘外，和其他高僧的交往也很多，比如和紫柏真可、幻余法本等也多有往来。他还发起了《嘉兴藏》的刻经工作，紫柏真可在《刻藏缘起》中曾提到了袁了凡发起刻经的缘由：“嘉隆间②，袁汾湖以大法垂秋，僧曹无远虑，不思唐宋之世，大藏经板，海内不下二十余副。自元迄明，南都藏板，印造者多，已模糊不甚清白矣，且岁久腐朽。燕京板虽完壮，字画清白显朗，以在禁中，印造苟非奏请，不敢擅便。又世故无常，治乱岂可逆定，不若易梵夹为方册，则印造之者价不高，而书不重。价不高，则易印造。书不重，则易广布。纵经世乱，必焚毁不尽。使法宝常存，慧命坚固。譬夫广种薄收，虽遭饥馑，不至饿死。”③就是说，在明代，南方的大藏经刻板经过多次的刻印已模糊不清，北京的板保存虽好，但是存于宫中，刻印不便。加上梵夹装的藏经印

---

① （明）钱晓订：《庭帏杂录》卷下，《学海类编》第35册。参见袁裳录文部分。

② 嘉隆间，指嘉靖和隆庆年间，约在1566年。此处年代可能是紫柏真可大师记忆有误，此时了凡尚未遇到云谷禅师，也没有结识紫柏真可，所以不可能此时提出刻藏提议。提议刻藏的时间应以幻余法本和了凡所记为确。

③ 《紫柏尊者全集》第13卷，《卍新纂续藏经》第73册，第252页。

刷昂贵，又不便携带，所以打算改成方册装的印本。基于上述原因，了凡有刻印大藏经的打算。幻余法本禅师在发愿文中说："万历癸酉，自金陵参云谷和尚，归锡武塘。遂构禅室于本所，受业兰若中，朝夕禅诵。时项东源、袁了凡两居士，日过我为法喜游……一日，了凡居士与本矢言，欲将梵典翻为方册，稗家传人拔邪见稠林，归萨婆苦海。奈何弘愿难发，而实行不加，法本竟滞寂山林，居士亦羁迷世纲。"① 就是大约在万历癸酉年（1573），法本在参访云谷禅师后，回到武塘（即魏塘，嘉善县治所在地），了凡和他提到了刻方册藏的设想。了凡在发愿文中也说："于万历癸酉，余偕幻余禅师，习静于武塘塔院。……逾十年癸未，达观大师寄迹于汾湖之敞庐。余复与商権，谓利益甚大。又明年甲申，遇密藏师兄于嘉禾之楞严，相与筹画，颇有次第。即命余草募缘文，而请益于吾师五台先生。厥后具区、洞观、健参、宇泰诸兄弟，相竭力谋之，事遂大集。余则株守渠阳，不得与奔走。己丑秋幻余夹卷至官舍，索余愿文书于首。"② 文中了凡也说刻藏的最初想法形成于万历癸酉年。癸未（1583），紫柏真可（达观）在了凡的住处读书，了凡再次提及刻藏事宜，并亲自撰写募集资金的文字，《嘉兴藏》的刊刻正式启动。但是了凡在做官之前忙于科举考试，做官后又忙于公务，并没有实际参与后期的刊刻工作。

隆庆四年（1570），了凡参加了礼部的科举考试，原来孔先生算他能考第三，实际上他考了第一，到乡试时就中了举人。从己巳年（隆庆三年，1569）发愿，到己卯年（万历七年，1579），经过了十一年的时间，了凡终于完成了三千件善事的愿望。完成三千件善事时，了凡正和李渐庵从东北返回，所以未能做回向。到庚辰年

① 《密藏开禅师遗稿》，《嘉兴大藏经》（新文丰版）第23册。
② 《密藏开禅师遗稿》，《嘉兴大藏经》（新文丰版）第23册。

（万历八年，1580）返回南方后，他才请性空、慧空两位僧人在东塔禅堂做了回向。随后，又发愿做三千件善事，求生儿子。到辛巳年（万历九年，1581），果然生了儿子天启。至癸未年（万历十一年，1583）八月，这三千件善事的愿望已经成就，于是他再请性空等法师在家中做回向。九月十三日，再发起求中进士之愿，要做善事万件。到丙戌年（万历十四年，1586）即中了进士，并授官为宝坻县知县。为官后，了凡仍坚持行善事，但由于公务在身，很难达到完成一万件善事的目标。梦中遇神人指点，谓只需为老百姓减轻田赋，就算完成了万件善事。于是，他就将宝坻县境内的田赋由每亩二分三厘七毫，减为一分四厘六毫。适逢五台山的幻余禅师到宝坻县境，了凡就此事咨询，问此事可否抵万件善事，得到了禅师的肯定："善心真切，一行可当万善。何况你减赋是利益万民之事。"了凡于是心安并决定捐出俸银，用来供养僧众饭食。在宝坻县任内，了凡还带领百姓治理水患，耕种农田，颇有成效。

六年后，约在壬辰年（万历二十年，1592），了凡被提升为兵部职方司主事。适逢此年日寇侵朝，朝鲜向明朝求救。经略①宋应昌任命了凡担任参谋，亲自带兵参战，曾率军在咸镜道打败了倭将加藤清正，立了战功。战争中因赴朝军队由来自南方的南军和主要由北方人构成的北军之间常发生矛盾，特别是因战功分配不均，导致南北军不和。加之宋应昌是浙江人、袁了凡也来自浙江一带，因此他们多同情南军。袁了凡也曾多次和李如松当面争执，指摘他冒领军功，以致李如松在两人争执时，骂他"可恶老和尚"。之所以有"老和尚"一说，源于在战争期间，了凡仍"好佛，持身如僧"、"出外国临大军，至垂念珠"。袁了凡不满李如松战法，认为

① 经略是以文人来节制军事，提督要求增兵增饷都需经过经略上报。故而明军入朝后，在用兵上，经略和提督之间矛盾重重。宋应昌（经略）和李如松（提督）之间的矛盾在了凡身上也有体现。

李的很多做法有损大明国体；李如松对军队中文人官僚也颇为不服，宋应昌手中有上方宝剑，他不便发作，于是就将矛头对准了袁了凡。随后他联合与了凡同为主事、但嫉妒了凡功劳的刘黄裳，以十项罪名来弹劾了凡。后了凡因他在宝坻任知县时纵民逋税被抓把柄，遭革职还乡。

回到家乡后，了凡仍然修行不辍，坐禅持咒，念诵经典，经十余年后去世，终年七十四岁。天启元年（1621），明熹宗念其在朝鲜征战倭寇之功，追授其为尚宝司少卿。清乾隆二年（1737），入祀魏塘"六贤祠"。

二、《了凡四训》的主要内容

了凡继承家学，医术、文史、命数、佛教、道教无不精通，著述颇多。据日本学者酒井中夫考证，了凡现存的主要著作有：

1.《立命篇》，丁未春孟日晏然居士书，收录有《立命篇叙》，内阁文库藏。

2.《省身录》，收在万历辛丑年周汝登的袁先生《省身录》引中，内阁文库藏。内容和《立命篇》相同。

3.《广生篇》，收有崇祯癸未十六年的序，内阁文库藏。同于《祈嗣真诠》。

4.《祈嗣真诠》，有宝颜堂秘笈、普集第七本和丛书集成本。

5.《阴骘录》，元禄十四年雒东狮谷升莲社的合刻本，与《自知录》合刻。原书是"莆田后学"陈升、黄幼清校订的崇祯本。

6.《四书删正》，明版，内阁文库藏。

7.《袁先生四书训儿俗说》，收有万历丁未三十五年门生余应学的序，内阁文库藏。

8.《增订二三场群书备考》，袁黄撰，袁俨注，沈昌世增补，崇祯五年序刊。

9.《游艺塾续文规》，十八卷十八册，明刊，内阁文库藏。

10.《袁了凡先生汇选古今文苑举业精华四集》，明版，四册，叶仰山原板，尊经阁文库藏。

11. 《新刻经世文衡》，二十八卷，明版，四册，尊经阁文库藏。

12.《两行斋集》，十四卷，天启四年刊，内阁文库藏。①

此外尚有涉及医学、文艺等各类杂著数种，这里不一一列举。

在袁了凡的众多著作中，最有影响而且流传甚广的是其所著的名为《了凡四训》的这本书。该书乃是选辑了袁氏所著的部分文章刊刻在一起形成的。《了凡四训》由四部分组成，分别是："立命之学""改过之法""积善之方"和"谦德之效"。"立命之学"原名《立命篇》，又名《省身录》，是袁了凡罢官后晚年的作品，是其总结一生之经验教训，为教诲儿子所作。"改过之法"和"积善之方"原为《祈嗣真诠》的第一、二部分，是袁了凡在发愿求子，愿望成真之后所作。其中讲积善的部分，又称为《科第全凭阴德》。这部分内容写作的时间早于《立命篇》的部分。"谦德之效"原名为《谦虚利中》。明万历三十五年（1607），就有人把《祈嗣真诠》中的《积善》《立命篇》和《谦虚利中》合成一本出版。明末崇祯年间刊刻的《阴骘录》大体与今天《了凡四训》相同，包括了立命之学、谦虚利中、积善、改过等内容，还收录了云谷禅师所授的功过格等。清初在《丹桂籍》中把这四篇文章称为《袁了凡先生四训》。

"立命之学"在《了凡四训》中篇幅仅次于"积善之方"，但

---

① 袁了凡的详细著作目录请参见酒井忠夫著、尹建华翻译的《袁了凡的生平及著作》一文，载《宗教学研究》1998 年第 2 期。

就重要性而言，无疑是这四篇文章的核心。一方面这是袁了凡晚年作品，是其一生经验的总结。另一方面，文中所涉及“命由我作，福自己求”的思想，也是《了凡四训》全书的精髓。在这部分中，袁了凡以对命运的不同看法把其一生分成了前后两个时期。早年是相信命数，听天由命的时期。他先奉母亲之命放弃科举，转而学医。后遇到孔姓长者，认定他是做官之人，应参加科举考试，进而对其一生都做了卜算，甚至对他寿命多长都做了预测。这些预测在袁了凡的早期经历中一一获得了验证，使得袁了凡对此深信不疑，变成了一个形容枯槁、心如死灰的宿命论者。第二个时期是在遇到云谷禅师后，接受了佛教对于命运的观点，相信“命由我作，福自己求”。在云谷禅师的开导下，了凡开始忏悔罪恶，重新振作，发愿求福。在数十年间，他不断行善断恶，并辅以云谷禅师所授的功过格，日日记录所行善恶之事。了凡的命运逐渐脱离了原来孔先生所卜算的轨道，先是登科、中举，直到中进士出任宝坻知县，了凡开创了自己命运的新天地。了凡先生在“立命之学”中对命运的看法虽然基本来自佛教的命运观，但是其中也有儒家思想的渊源，更有道家思想的影响。了凡所倡导命运由我做主，积善行德之说对我们今天也是有参考价值的。

“改过之法”可以分成两部分：一部分讲改过须发三心，一部分讲改过功夫。所谓三心，分别是羞耻心、敬畏心和勇心。关于发发羞耻心，指上思与圣贤同类，下思与禽兽有别，故而要耻于不如圣贤，羞于和禽兽为伍。关于发敬畏心，指要对天地神明保持一种敬畏之心，这种敬畏是人保持道德底线的最后一道防线。否则天不怕地不怕，人就会失去道德良知，为所欲为，作恶多端。正如孔子所说：“君子有三畏：畏天命、畏大人、畏圣人之言。小人不知天命而不畏也，狎大人，侮圣人之言。”关于发勇心，指面对过失、错误，要勇于面对和改正。了凡先生说：“具是三心，则有过斯改，如春冰遇日，何患不消乎！”改过功夫是从事上改、从理上改和从心上改三个层面上的改过方法。从事上改，是就事论事地改，如杀生者，不再杀生，这种改过的优点是直截了当，缺点是不够彻底，是头疼医头、脚疼医脚，不能根除病根。从理上改就是先分析错误的原因和道理，然后有针对性地去改。比如要做到不杀生，就要分析天下万物一体的道理、上天有好生之德的道理，等等。先从理论层面反思，然后再彻底禁绝。其优点是深入透彻，缺点是仍只是分门别类去改正。从心上改，是找到了错误的根源，心若不动，就没有了种种过错，没有了对名利、美色的追求，也没有了愤怒、嫉妒等不良的情绪。因此从心上改，就是彻底地、根源性地改正过错。

“积善之方”先列举了十件善事，然后对善本身进行了分析，指出善的八个方面：真假、端曲、阴阳、是非、偏正、半满、大小、难易。所谓善有真假，指行善为己者是假善，为人者是真善。所谓善有端曲，指积善纯粹是怀着济世救人之心为端，有一丝沽名钓誉之心为曲。所谓善有阴阳，指众人皆知之善行为阳善，为善而不为人知是阴善。所谓善有是非，指行善要因地制宜，行善不利于他人为非，不行善但有利于他人则为是。所谓善有偏正，指以善心做坏事，是正中偏；以恶心做善事，是偏中正。所谓善有半满，指坚持不懈行善为满；三天打鱼，两天晒网则为半。所谓善有大小，指有利于国家之善是大善，有利于个人之善为小善。所谓难易，指不易为善条件下的行善是难，各种条件具备的行善则为易。了凡先生最后指出了行善的十种方法：第一，与人为善；第二，爱敬存心；第三，成人之美；第四，劝人为善；第五，救人危急；第六，兴建大利；第七，舍财作福；第八，护持正法；第九，敬重尊长；第十，爱惜物命。

“谦德之效”通过各种实例说明了“满招损，谦受益”的道理。了凡先生指出，自大自满是自拒其福，谦虚谨慎是受福之基。

三、《了凡四训》一书的影响

《了凡四训》在编辑成一本书之前，部分篇章已经开始在社会上流行。比如“立命篇”，据说原来是袁了凡悬挂在家中用于教育儿子所用。与袁了凡同时代的王门学者周汝登（海门）在有人给他看过这篇文章后，就极力主张印行：“万历辛丑之岁，腊尽雪深，客有持文一首过余者，乃槜李了凡袁公所自述其生平行善。因之超越数量，得增寿胤，揭之家庭，以训厥子者。客曰：‘是宜梓行否耶?’余曰：‘兹文于人，大有利益，宜亟以行。’”他还说：“一日，会袁公于真州，一夜之语，而我心豁然。始知世间有此正经一大事，皈依自此始。余迄今不能一日忘此公之恩。公于接引人，固有缘也。兹文之行，利益必广。”①万历辛丑年（1601），此时袁了凡尚在世，他的这些文章就已经受人推崇，并且开始刻印传播。周汝登也亲自按照“立命篇”所说，作《日记录》，记录每天所做善事善行。

《了凡四训》四篇中的思想和实践在明末随着流行范围的扩大，不仅在知识分子阶层产生了影响，而且在普通民众中也极为流行，并由此带动了明末善书的流行。② 明末清初的理学思想家张履祥认为当时人们对于袁了凡的思想以及功过格的推崇，堪比圣书，甚至有过之而无不及。清代著名居士彭际清在《袁了凡传》中也说：“了凡既殁百有余年，而功过格盛传于世。世之欲善者，虑无不知效法了凡。”也就是说，在清初时，《了凡四训》所代表的思想及实践仍是相当流行。王汎森先生指出：“在通俗道教方面，袁黄功过格的影响力是异常深远的，他在当时是位里巷皆知的人物。自从功

① （明）周汝登：《东越证学录》卷7，第19–20页。

② 参见酒井忠夫著，刘岳兵、何英莺译：《中国善书研究》（增补版）上卷“第四章 袁了凡的善书与思想”。江苏人民出版社，2010年8月版。

过格流行之后，模仿它的作品也相当多。甚至于只要能与功过格等善书的想法相共鸣，或是袁黄在立命篇中所提到的一些早已湮灭不彰的，也重新得到重视，譬如北宋儒者赵抃（清献），原来不是一个引人注目的人，但是因袁黄的提到他每夜告天的办法，他的《守己四箴》乃在明末清初引起了重视。"①

当然，《了凡四训》一书以佛教思想为基础，掺杂儒、道思想，这一点历来为正统儒家学者所诟病。有些人视袁了凡和李贽一样是儒家的异端和罪人，比如明末查继佐在其《罪惟录·列传》卷十八设有《李贽袁黄列传》，将二人并列在一起。此外，《了凡四训》所流露出的视行善为获取子嗣、功名之手段的功利思想也受到了一些人的批评。对其最系统的批评则来自刘宗周。刘氏说：

> 友人有示余袁了凡先生功过格者，予读而疑之。了凡自言尝授旨云谷老人，及其一生转移果报，皆取之功过，凿凿不爽。信有之乎？予窃以为病于道也。子曰："道不远人。人之为道而远人，不可以为道。"今之言道者，高之或沦于虚无，以为语性，而非性也。卑之或出于功利，以为语命，而非命也。非性非命，非人也，则皆远人以为道者也。然二者同出异名，而功利之惑人为甚。老氏以虚言道，佛氏以无言道，其说最高妙，虽吾儒亦视以为不及。乃其意主于了生死，其要归之自私自利。故太上有《感应篇》，佛氏亦多言因果。大抵生死起见，而动援虚无以设教，猥云功行，实恣邪妄，与吾儒惠迪从逆之旨霄壤。是虚无之说，正功利之尤者也。②

刘氏的批评主要从两方面入手：第一，刘氏认为袁了凡的思想出

---

① 王汎森：《晚明清初思想十论》，复旦大学出版社，2004年，第119-120页。

② （明）刘宗周：《人谱·自序》，吴光主编，何俊点校：《刘宗周全集》第三册，浙江古籍出版社，2021年，第1页。

自佛老。佛教谈无，老庄说虚，虚无之谈看似高妙，实则与儒家思想有天壤之别。这是从儒者正宗立场提出的批评。第二，刘氏认为功过格的实践包括了太多的功利因素，这样的善行近则出于功名利禄之诱，远则出于对生死的怖畏。这样的善行，实际上是邪妄的，并非道德行为。这是从伦理道德本质的角度对了凡思想的批评。

《了凡四训》作为一本教子书和劝善书，虽然没有系统的理论体系，却是作者自身经历的记录和感悟。其“立命之学”，如同长者谈心，娓娓道来；其“改过之法”，如剥丝抽茧，层层深入；其“积善之方”，条缕细分，清晰可循；其“谦德之效”，引证理论，验以实例。总之，《了凡四训》展现了基于三教杂糅立场的古代知识分子的精神世界。我们在注解和翻译该书的过程中，重历了凡先生的精神世界，感受到了一位古代知识分子对于命运的思考以及对命运的塑造。我们的解说对于这部并不十分难懂的著作来说，可能是画蛇添足，但是读者如果由此深入了凡先生的时代，体悟了他的教诲，反思了自己的生活，那将是一件极有意义的事情。

为了使有兴趣的读者进一步了解袁了凡的生平，了解他的时代背景，该书附录了彭际清撰写的《袁了凡传》、憨山德清撰写的《云谷先大师传》以及云栖袾宏删订的《自知录》。彭际清是清代著名的居士，倡导净土修行，著有《居士传》，其中第四十五卷中载有《袁了凡传》。云谷大师是了凡先生命运转折的开启者，也是憨山德清的恩师。云栖袾宏是明代净土宗大师，与憨山德清等同为明代四大高僧之一。云栖大师和了凡为同时代人，《自知录》所载即为在明末十分流行的功过格，从中我们可以窥见了凡所修功过格之一斑。上述资料，供读者参考。

邱高兴

2010 年 3 月于明湖畔

2018 年 3 月修订

目 录

第一篇　立命之学

余童年丧父，老母命弃学举业[①]学医，谓可以养生[②]，可以济人，且习一艺[③]以成名，尔父夙心[④]也。后余在慈云寺遇一老者，修髯[⑤]伟[⑥]貌，飘飘若仙，余敬礼之。语余曰："子仕路[⑦]中人也，明年即进学[⑧]，何不读书？"余告以故，并叩老者姓氏里居[⑨]。曰："吾姓孔，云南人也。得邵子[⑩]皇极数[⑪]正传，数[⑫]该传汝。"余引之归，告母。母曰："善待之。"试其数，纤悉[⑬]皆验。余遂起读书之念。谋[⑭]之表兄沈称，言："郁海谷先生在沈友夫家开馆，我送汝寄学甚便。"余遂礼郁为师。

［注释］

①举业：科举时代为考取功名所修的诗文等方面的学业。②养生：包含支持生计和保养生命两个意思。汉代荀悦《申鉴·政体》："故在上者，先丰民财以定其志，帝耕籍田，后桑蚕宫，国无游民，野无荒业，财不虚用，力不妄加，以周民事，是谓养生。"③艺：技艺。④夙心：素心，平素的心愿。《周书·齐炀王宪传》："吾之夙心，公宁不悉，但当尽忠竭节耳，知复何言。"⑤修髯：修长的胡子。修，长。髯，指两颊的胡子。《说文》："髯，颊须也。"⑥伟：不凡。⑦仕路：指官场。⑧进学：明清两代指童生考取生员，进入府、县学读书。⑨里居：指籍贯。⑩邵子：邵雍，字尧夫，又称安乐先生、百源先生，谥号康节。北宋五子之一，北宋理学家。邵雍对《易经》极有研究，对先天象数之学多有发明。其主要代表作为《皇极经世书》，是书以《易经》六

十四卦分配元、会、运、世、年、月、日、辰，以证古今治乱，数皆前定，谓之皇极数。⑪皇极数：即《皇极经世书》中的象数思想。皇极，是指治道而言，上推至三皇，有“惟皇作极”之语。⑫数：命运。⑬纤悉：微细。汉代贾谊在《论积贮疏》中有“古之治天下，至纤至悉也，故其畜积足恃”之语。⑭谋：商量。

［译文］

在我童年的时候，我的父亲便去世了。老母亲让我放弃考取功名的学业，劝我从医。她说：“学医不仅可以维持生计、保养生命，还可以济世救人，并且学习一种技艺以成名，是你父亲的夙愿。”后来我在慈云寺遇到一位长须飘然、相貌不凡的老者。他看起来飘然若仙、潇洒出尘。我不禁对他很恭敬，并且以礼相待。这位老者对我说：“你命中注定乃官场中人，明年就能考中秀才，为何学医而不去读书呢？”我就把原因告诉了他，并请问老者的姓名和住处。老者说：“我姓孔，是云南人，得到了邵雍先生皇极象数思想的真传，今天你我有缘，命该传你。”我于是把老人接到家中暂住，并把这件事情告诉了母亲。母亲说：“要好好招待人家。”我屡次试验老者的命理象数，都非常灵验，甚至连微细之处都能算出。我就动了读书的念头。与我的表兄沈称商量后，他说：“郁海谷先生在沈友夫家开学馆教学，我送你过去寄住在那里，很方便的。”我于是拜郁海谷先生为师读书。

［评析］

作者通过自身的经历，来为儿子“现身说法”。全书从“立命之学”“改过之法”“积善之方”“谦德之效”四个方面阐述人生道理。每一篇要旨不同，但通篇连贯如一。立命对中国人来说并不陌生，中国自古就有安身立命之学。本篇通过讨论立命的学问，来讲述其中的道理。

“学而优则仕”是中国古代读书人的人生追求，中国古代的科举制度也为读书人创造了一个相对公平的成就功名的环境，难怪了凡先生虽然奉母命弃学从医，但从内心讲，对举业仍心有不甘。适逢得邵氏象数学真传的孔姓老者，在他的开导下，了凡先生重操旧业，再回学馆读书。

孔为余起数①：县考②童生③，当十四名，府考④七十一名，提学考⑤第九名。明年赴考，三处名数皆合。复为卜终身休咎⑥，言：某年考第几名，某年当补廪⑦，某年当贡⑧，贡后某年当选四川一大尹⑨，在任三年半，即宜告归。五十三岁八月十四日丑时，当终于正寝，惜无子。余备录而谨记之。

［注释］

①起数：象数学体系中开始占卜、预测的用语。在邵雍的象数学体系中，数是一个十分重要的概念。《周易》象数学有主象派与主数派之分，邵雍属于主数一派。他认为："数者何也？道之运也，理之会也，阴阳之度也，万物之纪也，明于幽而验于明，藏于微而显于管，所以成变化而行鬼神者也。"（《皇极经世书》卷二）宇宙的演化、万物的产生，是合乎一定数的法则来运行的。"数生象"，由数产生了万物的各种形态。孔姓老者既自称是邵雍的传人，其起数之法当和邵雍大致相同。②县考：明代以后进入学校学习成为科举必由之路，进入学校，成为生员（秀才），需要进行资格考试。考试分县考、府考和院考。县考一般由知县主持，本县童生要有同考者五人互结，并且有本县廪生作保，才能参加考试。试期多在二月，考四到五场，内容有八股文、诗赋、策论等，考试合格后才可应府试。③童生：文童的别称。明清的科举制度，凡是习举业的读书人，不管年龄大小，未考取生员（秀才）资格之前，都称为童生或儒童。《明史·选举志一》："士子未入学者，通谓之童生。"④府考：通过县考之后，才有资格参加本县所属的府所组织的考试，主考为知府，考试科目和程序同于县考。⑤提学考：即院考。提学为官名。宋崇宁二年（1103）在各路置提举学事司，掌管州县学政。金设提举学校官，元有儒学提举司，明置提学道，清设督学道、提学使等，这些都简称为提学。⑥休咎：吉凶，善恶。《汉书·刘向传》："向见《尚书·洪范》，箕子为武王陈五行阴阳休咎之应。"⑦廪：廪膳生员，又称廪膳生，省称为廪生。明清两代科举制度中由公家给以膳食的生员。明初生员有定额，皆食廪：府学四十人，州学三十

人，县学二十人，每人月给廪米六斗。其后名额增多，增多者叫作“增广生员”，省称“增生”。又于额外增取，附于诸生之末，谓之“附学生员”，省称“附生”。后凡初入学者皆谓之附生，其岁、科两试等第高者可补为增生、廪生。廪生中食廪年深者可充岁贡。清沿其制，经岁、科两试一等前列者，才能取得廪生资格。名额因州、县大小而异，每年发廪饩银四两。见《明史·选举志一》、《清史稿·选举志一》。⑧贡：贡生，科举制度中生员名目之一。科举时代，挑选府、州、县生员（秀才）中成绩或资格优异者，升入京师的国子监（太学）读书，称为贡生，意谓以人才贡献给皇帝。⑨大尹：即尹府、县官。对府县行政长官的称呼。唐代韩愈《唐故朝散大夫董府君墓志铭》：“（董溪）选参军京兆府法曹，日伏阶下，与大尹争是非。大尹屡黜己见，岁中奏为司录参军。”

[译文]

孔老先生为我推算命数：你童生县考时应考得第十四名，府考应考得第七十一名，提学考应考得第九名。第二年，我去考试，三处排名果然完全相符。继而孔老先生又为我推算一生的吉凶：哪年考取第几名，哪年应当补选为廪膳生，哪年应当做贡生，成为贡生后哪一年应当选为四川一个县官，在任三年半，便该辞职回乡。到五十三岁那年的八月十四日丑时，应寿终正寝，可惜没儿子。我把这些都一一记录下来，谨记在心。

[评析]

孔姓老者以邵雍象数之术，推算演化，不仅把作者科举考试的种种结果细致地展示出来，而且作者一生的休咎也尽在意料之中，这种命理相术对未来的预测，已经使人的实践活动的结果成了既定的事实。特别是对读书人来说，这些既定的结局一旦出现在自己眼前，自身孜孜不倦的追求过程便显得多余而无味。对功名的求得如此，对于人的自我养生、延年益寿亦是如此。自身寿命既定，那么延年益寿之方，也就成了自欺欺人的把戏。

自此以后，凡遇考校，其名数先后皆不出孔公所悬定①者。

独算余食廪米[2]九十一石五斗当出贡[3]；及食米七十余石，屠宗师[4]即批准补贡，余窃[5]疑之。后果为署印[6]杨公所驳。直至丁卯年，殷秋溟宗师见余场中备卷，叹曰："五策[7]，即五篇奏议[8]也，岂可使博洽淹贯[9]之儒，老于窗下乎！"遂依县申文准贡，连前食米计之，实九十一石五斗也。余因此益[10]信进退有命，迟速有时，澹然[11]无求矣。

［注释］

①悬定：预定。②廪米：指官府按月发给在学生员的粮食。明代沈德符《野获编·礼部·廪生追粮》："比者提学薛瑄，以生员有疾罢斥者，追所给廪米。"③出贡：从廪生升为贡生。④宗师：明清时对提督学道、提督学政的尊称。《初刻拍案惊奇》卷十："子文又到馆中，静坐了一月有余，宗师起马牌已到。那宗师姓梁名玉范，江西人。"⑤窃：私下里，暗中。⑥署印：代理行职权的人。旧时官印最为重要，同于官位，所以代理人才称署印。明代沈德符《野获编·吏部二·言官例转反诘》："首揆怒其异己，遂改命侍郎杨时乔署印。"⑦策：科举考试的一种文体。应试者针对考试问题的回答被称为"对策"。⑧奏议：臣子向皇帝上书言事、条议是非的文字的统称。唐韩愈《唐故江南西道观察使太原王公神道碑铭》："（王仲舒）在礼部奏议详雅，省中伏其能。"⑨博洽淹贯：是说作者的文章写得不错，属上乘之作。博，见闻广博。洽，理解融洽。淹，文义透彻。贯，文章功夫一贯。⑩益：更加。⑪澹然：内心恬淡、平静。明谢肇淛《五杂俎·人部一》："余见高寿之人多能养精神，不妄用之，其心澹然，无所营求。"

［译文］

从此以后，但凡遇到考试，我的名次先后，都不出孔老先生的预测。唯独在推算我所得的廪米问题上，孔老先生说我能领到九十一石五斗廪米，才能升级为贡生；实际上等到我领到七十余石廪米时，提学屠大人就批准我补了贡生。因此，我私下里怀疑孔老先生的推算有些不灵了。后来，我的补贡生资格果然被署印杨大人驳回。直到丁卯年，提学殷秋溟大人在看到我在考场中的备选试卷后，慨叹道："这本卷子所做的五篇对策，竟如同上奏给皇帝的奏议一样。怎能让文章写得如此之好的儒生，被埋没了呢？"于是，提学殷秋溟大人便依照县里的呈文，批准我升为补贡。加上之前我所领的廪米，我所得廪米的总数确实是九十一石五斗。我因此更加坚信：人一生的进退变化是命中注定的，运气来得早晚快慢也都是有一定时候的。既然如此，人生的一切也就都淡然无求了。

［评析］

孔先生的预测，都在了凡先生的经验世界中得到了验证，而使了凡先生对此深信不疑。几条相术之辞与现实经历的对应，便具有了使人信服的强大作用。了凡先生所读之书在面对这个对应关系的时候似乎显示不出知识的强大力量，自己的理性失去了对现实的批判功能。不仅如此，了凡先生的这种信服，已经影响到他自己的生活态度，以及对自己目标的态度。他仿佛成为一部机器上的齿轮，只是按部就班地不停运转着，没有任何的例外和越轨。

贡入燕都[①]，留京一年，终日静坐，不阅文字。己巳归，游南雍[②]。未入监[③]，先访云谷会禅师[④]于栖霞山[⑤]中。对坐一室，凡三昼夜不瞑目。

［注释］

①燕都：指燕京，即今之北京。②南雍：明代南京国子监称为南雍，是说其为南京的辟雍。辟雍，即古代天子所设的大学。明代周子义《〈何大复先生集〉序》："侍御谓南雍故藏书府，四方人士游览者众，是集永足以风，盍刻而藏旃！"③监：即国子监，是我国封建时代的教育管理机关和最高学府。晋称国子学，北齐称国子寺。隋、唐、宋、元、明、清，称国子监。明代在北京、南京和中都（安徽凤阳）都设有国子监。最早的国子监设立在南京，原称国子学，洪武十五年（1382）改为国子监。北京国子监建于永乐元年（1403），永乐十八年（1420）迁都北京后改为京师国子监。中都国子监洪武八年（1375）设立，二十六年（1393）撤销。清末改革学制，自光绪三十二年（1906）起设学部，国子监并入学部。④云谷会禅师：出生于明孝宗弘治

十三年（1500），浙江嘉喜人，俗姓怀。他幼年出家，法名为“法会”，又号“云谷”，所以这里称其为云谷会禅师。云谷禅师圆寂于大明万历乙亥年（1575），卒年七十五岁，僧腊五十年。云谷禅师为当时著名禅师，所以作者慕名拜访。⑤栖霞山：位于南京城东北，山中建有栖霞寺。

［译文］

按规定，当贡生后要到北京国子监读书。在留京的一年中，我终日静坐，不阅文字。己巳年从京城返回，到南京国子监读书。还没有进国子监，我就先到栖霞山拜访了云谷禅师。我与云谷禅师于一室中对坐，总共三天三夜，我连眼睛都没闭一下。

［评析］

从北京读书的终日静坐，不读经籍，到在南京与云谷禅师的禅室对坐，作者在既定命运的安排下，似乎丧失了人生的目标，看不出任何个人努力的必要，有些看破红尘的味道。但与其这样说，倒不如说是在宿命笼罩下的自我迷失。生活失去了方向，也没有了意义。原本脚下清晰的道路变得朦胧起来，人生淡然无味，原本应该在自我的生命奋斗过程中得到彰显的生命价值，却因被自身的既定命运遮蔽而显得毫无意义。对于自我而言，没有什么比这些更糟糕了。一个本应该通过自我一步一步扎实的实践而明晰起来的确定性，却越过了这些过程，而驱散了自我在这个过程之后本应享受的荣耀。那么，自我已经别无选择，丧失了这种自身的能动性，也就不能称其为自我了，自我也就成为命运的木偶了。其他一切于自我除了对命运的经验验证之外，也就毫无意义可言了。

云谷问曰：“凡人所以不得作圣者，只为妄念[①]相缠耳。汝坐三日，不见起一妄念，何也？”余曰：“吾为孔先生算定，荣辱死生，皆有定数[②]，即要妄想[③]，亦无可妄想。”

［注释］

①妄念：虚妄不实的念头，指不了解真相而产生的不符合实际的念头、想法、观念。②定数：气数，命运。宿命论认为国家的兴亡、人世的祸福皆由

天命或某种不可知的力量所决定，因称为“定数”。南朝梁刘孝标《辩命论》：“宁前愚而后智，先非而终是？将荣悴有定数，天命有至极而谬生妍蚩？”③妄想：不切实际的或非分的想法。《大乘义章》曰：“凡夫迷实之心，起诸法相。执相施名，依名取相。所取不实，故曰妄想。”“谬执不真，名之为妄。妄心取相，目之为想。”《观无量寿经》曰：“行者所闻，出定之时，忆持不舍，令与修多罗合。若不合者，名为妄想。”

［译文］

云谷禅师问我说：“普通人之所以不能成为圣贤，是因为他们被杂念、欲望所纠缠。你静坐三天，不曾见你起一个妄念，这是为什么呢？”我回答说：“我的命运已经被孔先生预测得很清楚了，荣辱生死，皆有定数。即便是自己有一些想法，也不能改变命运的安排，所以就干脆什么都不想了。”

［评析］

一个是被算定命运的求功名者，一个是出家的高僧，二者见面后，相对而坐，三昼夜未曾合眼。云谷禅师当然会对这个俗人的举动感到不可思议，误以为其修行到了妄念皆无的程度。妄念是佛教修行所要对治的一项重点内容。《大乘起信论》更认为在无明风吹动下，人心妄动，妄念遂生，“以一切法皆从心起妄念而生”，“一切诸法惟依妄念而有差别，若离心念，则无一切境界之相”。

云谷笑曰：“我待汝是豪杰，原来只是凡夫。”问其故，曰：“人未能无心[①]，终为阴阳所缚，安得无数？但惟凡人有数，极善之人，数固拘他不定；极恶之人，数亦拘他不定。汝二十年来被他算定，不曾转动一毫，岂非是凡夫？”

［注释］

①心：妄念之心。

［译文］

云谷禅师笑着说：“我把你当作豪杰一样对待，原来你只是个凡夫俗子。”我问云谷禅师缘故，云谷禅师说：“作为一般人而言，未能消除妄念之心。如果这个妄念心被阴阳气数所束缚的话，那又怎么能说没有命理定数呢？但只有那些平常人，心才会被命理定数束缚。若是极善之人，命理定数就无法拘束他。而极恶之人，命理定数也拘束不住他。你二十年来，都被孔先生预测得很清楚了，不曾把命理定数转变分毫，难道你不是凡夫吗？”

[评析]

心受到命理相术的束缚，自然陷入了宿命的窠臼。看似不动心、无妄念，其实是心如死灰般一片死寂，这不是佛教所倡导的修行境界。了凡先生的一段话让云谷禅师恍然大悟：原来这个看似豪杰的人只是个凡夫。

从佛教的观点看，人的命运是由人的身（行为）、口（语言）、意（思想）三种业所决定的，但是佛教不讲宿命论。佛家主张正因为人的各种行为后果的积聚影响了人的命运，故而从因入手去改造人的行为方式，就能改变人的命运。所以，云谷禅师才会说凡夫才会被命运拘定，极善和极恶之人以相反的方式摆脱了命运的束缚，只不过一个是向真善美的转变，一个是向假恶丑的堕落。

余问曰：“然则数可逃乎？”曰：“命由我作，福自己求。《诗》[①]《书》[②]所称，的[③]为明训。我教典[④]中说：‘求富贵得富贵，求男女得男女，求长寿得长寿。’[⑤]夫妄语[⑥]乃释迦大戒，诸佛菩萨岂诳语欺人？”

[注释]

①《诗》：是我国第一部诗歌总集，共收入自西周初年至春秋中叶大约五百多年的诗歌三百零五篇，所以又称《诗三百》。先秦称为《诗》，或取其整数称《诗三百》。西汉时被尊为儒家经典，始称《诗经》，为“五经”之一，并沿用至今。按音乐不同，《诗经》分为风、雅、颂三个部分。其中风包括十五“国风”，共有诗一百六十篇；雅分“大雅”“小雅”，共有诗一百零五篇；颂分“周颂”“鲁颂”“商颂”，有诗四十篇。风是不同地区的地方音乐，多

为民间的歌谣。雅即朝廷之乐，是周王朝直辖地区的音乐，大部分为贵族的作品，即所谓正声雅乐。颂是宗庙祭祀的乐歌和史诗，内容多是歌颂祖先的功业的。形式以四言为主，采用了赋、比、兴的艺术表现手法。②《书》：即《尚书》，是中国上古历史文件的汇编。“尚”即“上”，《尚书》意即上古之书。西汉初存28篇，用当时通行文字书写，即《今文尚书》。另有相传汉武帝时在孔丘住屋壁中发现的《古文尚书》，已佚。东晋梅赜（一作梅颐、枚颐）又伪造《古文尚书》。后来“十三经”中的通行本，即《今文尚书》与梅氏伪书的合编，宋人开始怀疑梅氏伪书，至清渐成定论。③的：的确。④教典：指佛经。⑤“求富贵得富贵”三句：语出于多部经典，如《楞严经》中有“我得佛心证于究竟，能以珍宝种种供养十方如来，傍及法界六道众生，求妻得妻求子得子，求三昧得三昧，求长寿得长寿，如是乃至求大涅槃得大涅槃”的说法。如《药师经》有“求长寿得长寿，求富饶得富饶，求官位得官位，求男女得男女”的说法。⑥妄语：佛教五戒之一，也是十恶之一。以欺他之意，作不实之言。《大智度论》十四曰：“妄语者，不净心欲诳他。覆隐实，出异语，生口业，是名妄语。”《大乘义章》七曰：“言不当实，故称为妄。妄有所谈，故名妄语。”《涅槃经》三十八曰：“一切恶事，虚妄为本。”

［译文］

我问云谷禅师说：“按你所说，人是可以从命理定数的束缚中逃脱的了？”云谷禅师说：“命运是自己所为，幸福要靠自己争取。《诗》《书》中所讲的道理，确实是很明确的训诫。我们佛教的经典里说：‘求富贵得富贵，求男女得男女，求长寿得长寿。’妄语是佛家大戒，诸佛菩萨怎会说假话来欺骗大众呢？”

［评析］

“命由我作，福自己求”，如晴天霹雳一样打破了作者固有的命理定数观念，是对作者消极人生观的一种驳斥。无论是儒家传统经典，还是佛教的教典都有命运自己做主的观念，都不是消极的命定论者。

余进曰：“孟子言‘求则得之’[①]，是求在我者也。道德仁义可以力求，功名富贵如何求得?”云谷曰：“孟子之言不错，汝自错解了。汝不见六祖[②]说：‘一切福田[③]，不离方寸[④]。从心而觅，感无不通。’求在我，不独得道德仁义，亦得功名富贵，内外双得，是求有益于得也。若不返躬[⑤]内省[⑥]，而徒向外驰求，则求之有道而得之有命矣，内外双失，故无益。”

[注释]

①求则得之：引孟子语。孟子曰：“仁义礼智非由外铄我也，我固有之也，弗思耳矣。故曰：求则得之，舍则失之。”（《孟子·告子上》）孟子认为，人生来具有仁义礼智的先验“善端”，即性善、行善的可能性，仁义礼智之善的实现在于人反身求于己，使自己本心、本性的内在禀赋成为现实意义的德行。②六祖：指慧能。慧能大师，俗姓卢氏，祖籍范阳，因父贬官岭南，为新州（今广东新兴县）人。随五祖弘忍学法，相传以“菩提本无树，明镜亦非台。本来无一物，何处惹尘埃”一偈，战胜神秀，得弘忍衣钵，为禅宗六祖。唐玄宗先天二年（713），圆寂于新州国恩寺，世寿七十六。慧能圆寂后，其弟子们将其经历和言论录整理成《六祖坛经》，简称《坛经》，是禅宗的经典。唐中宗追谥大鉴禅师。慧能是中国历史上有重大影响的佛教高僧之一。陈寅恪称赞六祖：“特提出直指人心、见性成佛之旨，一扫僧徒繁琐章句之学，摧陷廓清，发聋振聩，固我国佛教史上一大事也!”此处所引慧能语，非出自《坛经》，当不是慧能原话。③福田：佛教用语。佛教以为供养布施，行善修德，能获得福报，犹如农夫播种在田地，至秋乃有收获，故名福田。《探玄记六》曰：“生我福故名福田。”《无量寿经净影疏》曰：“生世福善如田生物，故名福田。”晋代道恒《释驳论》：“是以知三尊为众生福田供养，自修己之功德耳。”唐代玄奘《大唐西域记·摩揭陀国上》：“诚愿大王福田为意，于诸印度建立伽蓝，既旌圣迹，又擅高名，福资先王，恩及后嗣。”④方寸：指心。禅宗四祖道信说：“百千妙门，同归方寸；恒沙功德，总在心源。”⑤躬：亲自，亲身。⑥内省：内心反省自己的思想和言行，检查有无过失。《论语·颜渊》：“内省不疚，夫何忧何惧!”

[译文]

我进一步追问：“孟子说‘去寻求自身内心固有的善端即可得

到’，这是说要反身内求于己心。道德仁义这些在孟子看来是发端于己心的人之本性，是可以通过自己向内心的寻求尽我之力而得到的。那么，诸如功名富贵之类的身外之物，我又怎样可求得呢?”云谷禅师说：“孟子的话说得没有错，只是你自己理解得不对。你不见六祖慧能大师曾说：‘一切福田，不离方寸。从心而觅，感无不通。’反身自求于心，不仅能寻求到人与生俱来、发端于人心的仁义道德，而且还能得到身外的功名富贵，这是内外兼得的事情。这种内求于己心的做法，是有利于得的好事情啊。人若不反躬自省，从心而求，而徒劳地向外去寻求，即便是方法得当而其所得也只不过是命中注定罢了。这样只会内外双失，因此没什么益处。”

［评析］

孟子认为，人生来具有仁义礼智的先验“善端”，即性善、行善的可能性。仁义礼智之善的实现在于人反求于己，使自己本心、本性的内在禀赋成为现实意义的德行。孟子所注重的是通过本心的塑造，去实现道德的自我显现。从这点看了凡先生提出的“道德仁义可以力求，功名富贵如何求得”的疑问不是没有道理的。云谷禅师的回答则是用佛教的立场对孟子的话做了重新理解。在他看来，“一切福田，不离方寸。从心而觅，感无不通”与孟子“求则得之”的精神意旨相一致，都强调面向自我的反思和寻求，通过自我观念的转变，实现对现实自我的塑造。

因问①：“公算汝终身若何?”余以实告。云谷曰：“汝自揣②应得科第③否？应生子否?”余追省良久，曰：“不应也。科第中人，类有福相，余福薄，又不能积功累行以基厚福，兼不耐烦剧④，不能容人，时或以才智盖人，直心直行⑤，轻言妄谈⑥。凡此皆薄福之相也，岂宜科第哉！

［注释］

①因问：云谷禅师打算对他有所启发，便开口再问。②揣：忖度。③科第：参加科举考试榜上题名。④烦剧：指繁杂的事务。晋葛洪《抱朴子·百

里》："州牧郡守，操纲举领，其官益大，其事愈优，烦剧所钟，其唯百里众役于是乎！"⑤直心直行：即率性直行。直心，直，是指心无私曲。直行，径行。⑥轻言妄谈：指言谈不谨慎，随便说话，不负责任。

[译文]

云谷禅师再问道："孔先生推算出的你一生的命运如何？"我就如实详述了孔先生推算的内容。云谷禅师问道："你自己想一下，你自己应该得功名吗？应该有儿子吗？"我反省了很长时间才说："我不该得功名，也不该有儿子。因为得功名之人，大多有福相，而我福相微薄，又不能积德造福，加之对繁杂的事务没有耐心，度量狭窄，有时以才智压人，率性直行，轻言妄谈。这些都是薄福之相，又怎么能取得功名呢？

[评析]

云谷禅师的启发是站在佛教因果立场上的，即应得科第与否，不取决于孔先生所卜算，而取决于自己的行为。在云谷禅师的启发下，作者终于认识到自身的缺陷：不能承受繁杂的事物，度量狭窄，恃才傲物，率性而为，轻言妄谈，这些都是没有福相的表现。至此，作者的观念悄悄发生了转折，一个原本深信不疑的命定论者，逐渐认识到所谓命定的结果并非必然，必然的是成就这些结果的因具足与否。

"地之秽者多生物，水之清者常无鱼①：余好洁，宜无子者一。和气能育万物，余善怒，宜无子者二。爱为生生②之本，忍③为不育之根，余矜惜④名节⑤，常不能舍己救人，宜无子者三。多言耗气，宜无子者四。喜饮铄精⑥，宜无子者五。好彻夜长坐而不知葆元毓神⑦，宜无子者六。其余过恶⑧尚多，不能悉⑨数。"

[注释]

①地之秽者多生物，水之清者常无鱼：《大戴礼记》中有"水至清则无鱼，人至察则无徒"的说法。与了凡先生同时代而略晚的洪应明在《菜根谭》

中也有同样的说法："地之秽者多生物，水之清者常无鱼，故君子当存含垢纳污之量，不可持好洁独行之操。"②生生：孳生不绝，繁衍不已。《易·系辞上》："生生之谓易。"王弼注："阴阳转易以成化生。"孔颖达疏："生生，不绝之辞。阴阳变转，后生次于前生，是万物恒生谓之易也。"③忍：此处指残忍苛刻之意。④矜惜：怜惜，珍惜。《资治通鉴·晋成帝咸康四年》："（赵王）虎曰：'裕儒生，矜惜名节，耻于迎降耳，无能为也。'"⑤名节：名誉与节操。《汉书·龚胜传》："二人相友，并著名节。"⑥铄精：消损精神，伤精神。铄，销毁，消损。精，指精神。⑦葆元毓神：保养元气，修养精神。葆，通"保"，保持。毓，通"育"，保养。⑧过恶：过失，过错，毛病。《周礼·地官·州长》："正月之吉，各属其州之民而读法，以考其德行道艺而劝之，以纠其过恶而戒之。"⑨悉：尽，全。

［译文］

"地秽多生物，水清常无鱼——我好洁成癖，这是应当无子的原因之一。和和之气能化育万物，但我脾气暴躁好怒，这是应当无子的原因之二。仁爱是生生之本，苛刻是不育的根源，我只爱惜自己的名节，不能舍己救人，这是应当无子的原因之三。爱多讲闲话，消耗自己的精气，是应当无子的原因之四。喜好饮酒，消损精神，是应当无子的原因之五。好彻夜长坐而不知保养元气、修养精神，是应当无子的原因之六。还有很多其他的毛病，不能一一列举。"

［评析］

上节作者反思了自己不能考取功名的原因，这里又总结了无子嗣的六条主要原因。从反思自身开始，了凡先生对自己的人生和命运渐渐有了新的认识。

云谷曰："岂惟科第哉？世间享千金之产者，定是千金人物。享百金之产者，定是百金人物。应饿死者，定是饿死人物。天不过因材而笃[①]，几曾加纤毫[②]意思？即如生子，有百世之德者，定有百世子孙保之。有十世之德者，定有十世子孙保之。有三世二世之德者，定有三世二世子孙保之。其斩[3]焉无后者，德至薄也。汝今既知非，将向来不发科第及不生子之相尽情改刷[4]。务要积德，务要包荒[5]，务要和爱，务要惜精神。从前种种，譬如昨日死；从后种种，譬如今日生。此义理再生之身也。夫血肉之身尚然有数，义理之身岂不能格天[6]？太甲[7]曰：'天作孽，犹可违；自作孽，不可活。'[8]《诗》云：'永言配命，自求多福。'[9]孔先生算汝不登科第、不生子者，此天作之孽，犹可得而违。汝今扩充德性，力行善事，多积阴德[10]，此自己所作之福也，安得而不受享乎？《易》为君子谋[11]，趋吉避凶。若言天命有常，吉何可趋、凶何可避？开章第一义，便说：'积善之家，必有余庆。'[12]汝信得及[13]否？"

［注释］

①天不过因材而笃：上天必定按不同人所修功德程度的不同，将福报降于其身。笃，必定。②纤毫：细微，细小。《朱子语类》卷十八："前圣后圣心心一符，如印记相合，无纤毫不似处。"③斩：断绝的意思。④改刷：改过和刷洗。⑤包荒：包含荒秽。谓度量宽大。《易·泰》："包荒，用冯河，不遐遗。"王弼注："能包含荒秽，受纳冯河者也。"陆德明释文："荒，本亦作'巟'。"一说包容广大。《说文·川部》"巟，水广也"引《易》作"包巟"。⑥格天：以至诚感格上天而改变命运。格，感通，感格，感应。天，先在的确定性，即命。语本《尚书·君奭》："在昔成汤既受命，时则有若伊尹，格于皇天。"⑦太甲：商朝的贤君，早年曾经胡作非为，做过一些失德的事情，后得到贤臣伊尹的教导而改过自新。⑧"天作孽"四句：出自《尚书·商书·太甲中·第六》，原句为"天作孽，犹可违；自作孽，不可逭"。《孟子·公孙丑上》孟子引太甲之语，为"天作孽，犹可违；自作孽，不可活"。违，避免或挽回。⑨永言配命，自求多福：语出自《诗经》。《诗经·大雅·文王之什》："无念尔祖，聿修厥德。永言配命，自求多福。殷之未丧师，克配上帝。宜鉴于殷，骏命不易！"郑玄笺："常言当配天命而行。"朱熹集传："使其所

行，无不合于天理。”永，恒常。配命，上合天心，一说天所给予之命。⑩阴德：行善于他人，而对方却不知不觉，没有察觉，这样所积之德叫作阴德。《淮南子·人间训》：“有阴德者必有阳报，有阴行者必有昭名。”⑪《易》为君子谋：宋儒张载有语曰：“《易》为君子谋，不为小人谋。”（《横渠易说》）《易》，即《易经》。中国儒家经典之一，分《经》《传》两部分。《经》据传为周文王所作，由卦、爻两种符号重叠演成64卦、384爻，依据卦象推测吉凶。《传》是对《经》而言，是儒家学者对《周易》所做的解释，故曰《传》，亦称《十翼》。包括《彖传》上下篇、《象传》上下篇、《系辞》上下篇、《文言》、《序卦》、《说卦》、《杂卦》。⑫积善之家，必有余庆：出自《周易·坤》。全句为：“积善之家，必有余庆；积不善之家，必有余殃。”⑬信得及：能够相信。

［译文］

云谷禅师说道：“你哪里是只有功名不应得？世间享有千金财产者，一定是功德修到千金的人物。能享有百金财富的人，他肯定是功德修到百金的人物。应该饿死的人，一定是他业力太重的后果。上天必定按不同人所修功德程度的不同，将福报降于其身，我们什么时候看到上天掺杂进自己的丝毫意愿了呢？譬如，传宗接代的事也一样，要看积德的厚薄。有百世功德之人，必有百世子孙可传；有十世功德者，必有十世子孙以护；只有两三世功德者，也有两三世子孙以保；而那些绝嗣者，是由于他们的功德极薄的原因。你现在既然已经知道自己错在何处了，那就尽量去改正过去导致不得功名，以及不能生子的毛病吧。务必要积德，务必要包容，务必要和爱，务必要珍惜自己的精气神。从前的一切，譬如在昨日已经死了；之后的一切，譬如在今日刚刚出生。能按我讲授给你的道理去做，你就会摆脱既定的命运，而获得一种新的生命了，这就是义理再造之身。我们的肉身，通过我们自己的践行尚且能承载天道法则；义理再造之身通过践行天道显现义理，哪有不能感动上天、彰显天道的道理呢？商朝的贤君太甲说：‘天作孽尚可挽救，自作孽则不可逃。'《诗经》中说：'要经常反省自己的所作所为是否合于天道。求祸求福，全在自己。'孔先生推算出你不得科第、无儿继后，虽是上天注定，但仍可改变。只要扩充德行，力行善事，广积阴德，这是自己所做的福报，怎么会享受不到呢？《易经》是为君子服务的，有助于这些德行高尚之人趋吉避凶。如果说天命是恒定不变的，那又如何趋向吉利之事，如何避开凶恶之事呢？《易经》开章第一义就说：'积善之家，后世一定有享不尽的福。'你相信吗？"

[评析]

本段表达以下两种含义：第一，业定论。佛教中的道德践行之业与福报被视为一种对应的因果关系。现实生活的种种境遇，或好，如拥有百千黄金的富豪；或坏，如路边饿死之人，都是所作之业注定的结果。以此对照了凡先生，他之所以不能登科及第和生育子嗣，乃因为他不能积累功德、不懂包容、不会和爱、不能保养精神，这些业决定了上述的后果。孝子贤孙，登科及第皆为自身修德的结果。修德的程度决定着果报的程度。第二，天命非常。云谷禅师一方面传达了人生为业所困的现实性，另一方面又揭示了天命非常的未来可塑性。首先他从中国传统以德配天的观念入手，指出自身是上天之德的承载，也是对上天之德的自觉彰显。只要自己修德养性，广行善事，多积阴德，总会感动上天，改变自己的命运。同时从《易经》的卜卦本意看，也是为了让君子能够趋吉避凶、趋善避恶，如果命运不可改变，如何能实现《易经》之精神呢？

余信其言，拜而受教。因将往日之罪，佛前尽情发露①，为疏②一通，先求登科，誓行善事三千条，以报天地祖宗之德。

[注释]

①发露：指揭露表白所犯之过失而无所隐瞒。《天台四教仪》说："如是五逆十恶及余一切，随意发露，更不覆藏，毕故不造新；若如是则外障渐除，内观增明。"②疏：分章阐述，这里指了凡先生所写的忏悔的文字。

[译文]

我信服了云谷禅师所讲的道理，拜谢受教。于是，我把以往一切大小过失在佛前一一表白忏悔。先求登科及第，还发誓要做三千件善事，来回报天地祖宗的恩泽。

[评析]

忏悔是改过的前提，佛教对忏悔十分重视。原始佛教把夏安居之最终日定为自恣日，在这天对自己所犯错误进行反思和忏悔。按照《四分律》中所言，忏悔须具足五缘：(1) 迎请十方之佛菩萨。(2) 诵经咒。(3) 自白罪名。(4) 立誓。(5) 明证教理。另据华严宗五祖宗密所撰《圆觉经略疏钞》卷十二载，小乘的忏悔步骤为：(1) 偏袒右肩，便于执侍作务之义。(2) 右膝着地，显奋勉恳切之义。(3) 合掌，表诚心不乱。(4) 述罪名，说僧残、波逸提等罪，发露而不覆藏。(5) 礼足，表卑下至敬之礼。大乘之忏悔则采用庄严道场、地涂香泥、设坛等方法。忏悔按性质和方法在佛教中分为不同种类，比如“两种忏悔”，即制教忏与化教忏两种。制教忏指犯戒律之罪须行制教（戒律教）之忏悔，仅限于出家之五众、小乘、现行犯等。化教忏指犯业道之罪须行化教（经论之教）之忏悔，此则共通于所有者。制教之忏悔复分为三种：(1) 众法忏，对四人以上之僧众行忏悔。(2) 对首忏，对师家一人行忏悔。(3) 心念忏，直对本尊行忏悔。智顗把忏悔分为事忏与理忏。借礼拜、赞叹、诵经等行为所行之忏悔，称为事忏，又称随事分别忏悔，一般之忏悔均属此类；观实相之理以达灭罪之忏悔，称为理忏，又称观察实相忏悔。

将抽象意义上的道德具体化为数量上的善行，在现实的生活中更容易为普通人所接受和践行。同时，也具有一种提示功能，将隐而不见的道德转化为显性的数量增减，这是对恪守者的一种提示和鞭策。

云谷出“功过格”①示余，令所行之事逐日登记，善则记数，恶则退除，且教持《准提咒》②，以期必验。

[注释]

①功过格：功过格是自己记录善恶功过的一种簿册。善言善行为“功”，

记入“功格”；恶言恶行为“过”，记入“过格”。其思想模型最早出现于葛洪所著《抱朴子》一书，到宋代时开始出现功过格类的善书。明代在云谷禅师授袁了凡“功过格”和云栖袾宏删订《自知录》后，流行于民间。②《准提咒》：全称为《七俱胝佛母心大准提咒》。全咒为：“南无飒哆喃。三藐三勃陀。俱胝南。怛侄他。唵。折隶。主隶。准提。娑婆诃。”从“唵”到最后为短咒。整句咒意是：由觉动，大觉之动，而生起清净的成就。念诵此咒功德甚大。《准提陀罗尼经》云：“佛言此咒能灭十恶五逆一切罪障，成就一切白法功德。持此咒者，不问在家、出家、饮酒、食肉、有妻子等，不拣净秽，但依我法无不成就。至心持诵，能使短命众生增延寿命，及除无量病苦。迦摩罗疾，尚得除差，何况余病！若不消差，无有是处。若诵此咒一百八遍，如是不绝，满四十九日，每有善恶，吉祥灾变，准提菩萨令二圣者常随其人。所有善恶心之所念，皆于耳边一一具报。又诵此咒，能令国王大臣长者婆罗门等，生爱敬心见即欢喜，随其所愿，悉得成就。若有无福无相，求官不迁贫苦所逼。常诵此咒，能令现世得轮王福，所求官位必当称遂。若常持诵，水不能溺，火不能烧，毒药刀兵，冤家病苦，皆不能害。又若依法诵满一百万遍，便得往诣十方净土。历事诸佛，得闻妙法，速证菩提。”

[译文]

云谷禅师把“功过格”拿出来给我看，并指点我，把每日所行的一切善恶之事记录在“功过格”上。行了善事就记上，有了过失，就和前面所行善事相抵消。他还教了我持念《准提咒》，以期必定应验。

[评析]

将抽象意义上的道德具体化为数量上的善行与过失，在现实的生活中更容易为普通人所接受和践行，这是中国人在道德实践中的一种创造。《抱朴子·内篇·对俗》说，人想成地仙，需要做三百件善事；想要成就天仙，要做一千二百件善事。但是如果做了一千一百九十九件善事，中间做了一件恶事，则前善尽失，需要从头再来，所以“善不在大，恶不在小”。

语余曰：“符箓[1]家有云：‘不会书符，被鬼神笑。’此有秘传，只是不动念也。执笔书符，先把万缘放下，一尘不起。从此念头不动处，下一点，谓之‘混沌开基’[②]。由此而一笔挥成，更无思虑，此符便灵。

［注释］

①符箓：亦作“符录”，道教所传秘密文书符和箓的统称。符，道士画的驱使鬼神的图形或线条。箓，指道教记录天神名的讳秘文。《北史·魏纪二·显祖献文帝》：“（天安元年春正月）辛亥，帝幸道坛，亲受符箓。”②混沌开基：混沌元气未分的交融状态。道教将其视为修行的一种状态。《大成捷要》：“百日十月关中，有七次混沌开基之旨，皆得吾师心传：第一次混沌开基是玄关窍开、产出真种；第二次混沌开基是阳光三现、产出大药；第三次混沌开基是结道胎、一阳初生；第四次混沌开基是璇玑停轮、日月合璧，亦曰‘二阳生’；第五次混沌开基是心灭尽、大定以后，三花聚顶、五气朝元；第六次混沌开基是深入涅槃、神俱六通；第七次混沌开基是高登彼岸、金光如轮。”

［译文］

云谷禅师又对我说：“画符箓者中间有种说法：‘不会画符，就会被鬼神笑话。’画符有一种秘密的方法流传下来，就是不动念头而已。当执笔画符时，把心中所有的念头都抛弃，让心无思虑，成为清净心。就在心无思虑的那一刻，下笔在纸上点上一个点，这一点就叫‘混沌开基’。从这一点开始，一气呵成，中途心中不能起一丝念头。那么，这道符就会灵验了。

［评析］

符箓是道教的主要方术之一，是道士用来和天神沟通的工具。在道士看来，符箓是天神的文字，是传达天神意旨的符信，用它可以召神骇鬼，降妖镇魔，治病除灾。因此画符箓就成为道士的基本功。云谷禅师从佛教的立场认为，画符箓的关键在于不动心，一气呵成，更无思虑，这样画成的符箓才会灵验。

“凡祈天立命，都要从无思无虑处感格[①]。孟子论立命之学，而曰：‘夭寿不贰’[②]。夫夭与寿，至贰者也。当其不动念时，孰为夭，孰为寿？细分之，丰歉不贰，然后可立贫富之命；穷通不贰，然后可立贵贱之命；夭寿不贰，然后可立生死之命。人生世间，惟死生为重，夭寿则一切顺逆皆该[③]之矣。至‘修身以俟[④]之’，乃积德祈天之事。曰修，则身有过恶，皆当治而去之。曰俟，则一毫觊觎[⑤]，一毫将迎，皆当斩绝之矣。到此地位，直造[⑥]先天之境，即此便是实学[⑦]。汝未能无心，但能持《准提咒》，无记无数，不令间断，持得纯熟，于持中不持，于不持中持。到得念头不动，则灵验矣。”

［注释］

①感格：感通。宋代李纲《应诏条陈七事奏状》：“然臣闻应天以实不以文，天人一道，初无殊致，唯以至诚可相感格。”②夭寿不贰：语出《孟子·尽心上》。孟子曰：“尽其心者，知其性也。知其性，则知天矣。存其心，养其性，所以事天也。夭寿不贰，修身以俟之，所以立命也。”夭，未成年而死。寿，长寿。③该：包容，包括。《楚辞·天问》：“该秉季德，厥父是臧。”注：“包也。”④俟：等待。《论语·先进》：“如其礼乐，以俟君子。”⑤觊觎：非分的希望或企图，是一种妄想。《左传·桓公二年》：“庶人、工、商，各有分亲，皆有等衰。是以民服事其上，而下无觊觎。”杜预注：“下不冀望上位。”⑥造：到。⑦实学：真实无妄的学问。宋代朱熹《中庸章句》题解引程子曰：“其书始言一理，中散为万事，末复合为一理，放之则弥六合，卷之则退藏于密，其味无穷，皆实学也。”

［译文］

“不但道士画符不可夹杂念头，就是祷告上天、通感天命，也都要从心中无思无虑之处下功夫。孟子论立命之学时说：‘短命与长寿没什么两样’。寿命长短在我们看来是完全不同的啊。当我们内心无思无虑，不动丝毫之念的时候，又怎么能分辨得出短命和长寿呢？细分一下，视丰收和歉收没什么两样，然后可立于贫富之命；视贫穷和通达没什么两样，然后可立于贵贱之命；视短命和长寿没什么两样，然后可立于生死之命。人生世间，只有死生为重。若心中存在夭寿的观念，那么一切顺正与邪逆之事的存在都成了合理的了。孟子讲到‘通过修身以等待天命’，就是指通过积德以祈求上天之事。讲‘修’，就是身上有一些过失和罪恶，都应像治病那样，把它们完全祛除。说‘俟’，就是那些不必要的一毫妄想，一毫逢迎，都应当干脆利落地斩绝。能做到这种地步，已经能径直地达到先天不动念头的境界了，到此便是真实无妄的学问了。你现在还不能达到心中无念的境地，但是你若能持念《准提咒》，不记所念遍数，一直念下去，不要间断，念到纯熟时，自然会口里在念而自己心中却没有觉察，在口中不念时而心里却不知不觉地仍在念。念到心中念头不动，那么也就灵验了。”

［评析］

内心的平静无妄，一直是儒释道追求的修养境界。心无一念，内心清净就能超越现实世界中的种种界限，诸如生死、贫富、夭寿，等等。这些在常人看来至关重要的分别以及其他一切杂念，一下子被自我的清净心所融化，再不能在自己的心中激起丝毫涟漪，这也就达到了与上天感通的境界了。所以，通过自我的道德践行和清净心的修行也就可以达到与上天感通，而得到如意的果报。

余初号学海，是日①改号了凡。盖悟立命之说，而不欲落凡夫窠臼②也。从此而后，终日兢兢③，便觉与前不同。前日只是悠悠放任④，到此自有战兢惕厉⑤景象。在暗室屋漏中常恐得罪天地鬼神，遇人憎⑥我毁⑦我，自能恬然⑧容受⑨。

［注释］

①是日：这天。②窠臼：原指门臼，即旧式门上承受转轴的臼形小坑。比喻现成格式，老套子。宋代朱熹《答许顺之书》：“此正是顺之从来一个窠

白，何故至今出脱不得，岂自以为是之过耶?”③兢兢：小心谨慎的样子。《诗·小雅·小旻》：“战战兢兢，如临深渊，如履薄冰。”毛传：“兢兢，戒也。”④悠悠放任：随随便便，无拘无束。⑤战兢惕厉：心存敬畏，小心警惕的样子。唐代陈子昂《为张著作谢父官表》：“夙夜兢兢，祇惕若厉。”惕，如“战战兢兢，如临深渊，如履薄冰”（《诗·小雅·小旻》）一样，内存敬畏之心。厉，外表呈现严肃之威。⑥憎：厌恶。⑦毁：诽谤，诋毁。⑧恬然：安然。《荀子·强国》：“观其朝廷，其朝闲，听决百事不留，恬然如无治者，古之朝也。”⑨容受：承受而不去计较。《汉书·成帝纪》：“博览古今，容受直辞，公卿称职，奏议可述。”

[译文]

我起初的号叫学海，但从那以后改号为了凡。因为我明白了立命之道，就不愿再同凡夫一样了。从此以后，我就整天小心谨慎起来，自己也觉得与以前大不相同。从前只是随随便便，无拘无束；到了现在，便自然而然地在心中产生敬畏之感，处处小心警惕。即使在暗室无人之处，也常担心会得罪天地鬼神。遇到讨厌和毁谤我的人，也能安然接受，不去与他人计较了。

[评析]

本文作者姓袁，原名表，后改名黄，字坤仪，又字仪甫。受到云谷禅师的开导后，明白了立命在于“命由我作，福自己求”的道理，为表示和先前的我彻底决裂，遂改号了凡，表达了自己不做凡夫俗子的愿望。

到明年，礼部考科举，孔先生算该第三，忽考第一，其言不验。而秋闱[①]中式[②]矣。然行义未纯[③]，检身[④]多误。或见善而行之不勇，或救人而心常自疑，或身勉为善而口有过言，或醒时操持而醉后放逸[⑤]。以过折功，日常虚度。自己巳岁发愿[⑥]，直至己卯岁，历十余年，而三千善行始完。

[注释]

①秋闱：明清时期，每三年的秋季，在各省省城举行一次考试，即乡试。

因在秋季举行，所以又叫秋闱。闱，考场。元代黄溍《试院同诸公为主试官作》诗："右辖升庸日，秋闱献艺初。"②中式：考取。③未纯：杂而不纯，勉强而不自然。④检身：检点自身。检，检点。汉代王充《论衡·程材》："案世间能建蹇蹇之节，成三谏之义，令将检身自敕，不敢邪曲者，率多儒生。"⑤放逸：放纵逸乐。《逸周书·时训》："蜩不鸣，贵臣放逸。"朱右曾校释："放逸，放纵晏佚。"⑥发愿：佛教语，指普度众生的广大愿心。后亦泛指许下愿望。《法华经·提婆达多品》："于多劫中常作国王，发愿求于无上菩提，心不退转。"《阿弥陀经》曰："应当发愿生彼国土。"

［译文］

到了第二年，我参加礼部考试。孔先生算定我应该考第三名，但我出乎意料地考取了第一名，孔先生的预言开始不灵验了。到了秋季考试，也出乎孔先生的推算而考中了。然而我仍感觉修行未纯，检查一下自身依旧有很多过失。譬如，有时见到可行的善事不能勇于去做；有时救人而心存疑虑；有时自身努力去行善而口有过言；有时在清醒时能操持住自己，当酒醉后却放荡不拘。将功抵过，平日里的时光也就这样虚度过去了。自从己巳年发愿以来，到己卯年，历时十多年，才行毕三千件善事。

［评析］

自得到云谷禅师的教导后，不仅了凡的精神面貌有了彻底变化，他的命运随之也有所改变。从原来算的考第三，变成了考第一。到秋闱时，考中了举人。这些好的结果在了凡看来都是修身积德的结果，所以他更加严厉地要求自己、反省自己，经过十余年的时间，完成了三千件善事的目标。

时方从李渐庵入关，未及回向①。庚辰南还。始请性空、慧空诸上人②就东塔禅堂回向。遂起求子愿，亦许行三千善事。辛巳，生汝天启。

［注释］

①回向：回即回转，向即趋向。回转自己所修之功德，趋向众生和佛果。

《大乘义章》九曰：“言回向者，回己善法有所趣向，故名回向。”其中分回向为三种：一为菩提回向，回自己所修的一切善行，趋向菩提。二为众生回向，念众生故，回己所修一切善法，归于众生。三为实际回向，回自己之善根，向于平等如实的法性。②上人：上德之人。后多指对高僧的美称。《释氏要览·称谓》引古师云：“内有德智，外有胜行，在人之上，名上人。”

［译文］

我那时正跟从李渐庵入关，就没来得及做回向。庚辰年南还后，随即请来性空、慧空等诸位高僧到东塔禅堂为我做回向。于是我又发下求子之愿，佛前许诺再行三千件善事。辛巳年，就生了你天启。

［评析］

回向是佛教中的重要修行方法之一。修行者在修行过程中，要不断地把自己所求的功德分享给所有众生，不能独享自己的功德，体现了大乘佛教在自觉的基础上，促使他觉的慈悲心。了凡先生在修行获得一定功德后，随即请僧人为其做回向，也正是大乘佛教的这种慈悲精神的体现。

余行一事，随以笔记。汝母不能书，每行一事，辄用鹅毛管印一朱圈于历日①之上。或施食贫人，或买放生命，一日有多至十余圈者。至癸未八月，三千之数已满，复请性空辈就家庭②回向。九月十三日，复起求进士愿，许行善事一万条。丙戌登第，授宝坻知县。

［注释］

①历日：日历。②家庭：指家中。庭，堂阶前的院子。

［译文］

我每做一件善事，都会随时用笔记下。你母亲不会写字，所以每做一件善事，就用鹅毛管在日历上印一个红圈。有时会送食物给穷人，有时会买活物放生，一天多的能印上十几个红圈。到癸未年八月，就完成了这三千件善事。又请性空和尚等在家中做回向。到那年九月十三日，我又发愿中进士，并许诺要做一万件善事。结果到丙戌年，我果然登第，当了宝坻知县。

［评析］

了凡先生记在功过格中的善事多达成千上万件，虽然目的有那么点功利，但是从结果看，如果没有真实的修养，要完成预先设定所做善事数量的目标也是相当不容易的。

余置空格一册，名曰“治心编”。晨起坐堂①，家人②携付门役③，置案上，所行善恶，纤悉④必记。夜则设桌于庭，效赵阅道⑤焚香告帝。

［注释］

①坐堂：官吏出庭审理案件、处理公务。《京本通俗小说·拗相公》：“每读书达旦不寐，日已高，闻太守坐堂，多不及盥漱而往。”②家人：家中的用人。③门役：看门人。④纤悉：细微详尽。南朝梁刘勰《文心雕龙·总术》：“昔陆氏《文赋》，号为曲尽，然泛论纤悉，而实体未该。”⑤赵阅道：名抃，字阅道，自号知非子。衢州西安（今浙江衢州）人。他笃信佛教，日所为事，夜必露香以告于天。卒后谥号“清献”。

［译文］

我准备了一个空格本，起名叫作“治心编”。早晨开始处理公务的时候，家中用人就携带来交给门卫放在我的办公桌上。所做的善恶之事，不分大小，一定全都记在“治心编”上。到夜里，在庭院中摆上桌子，仿效赵阅道焚香祷告天帝。

［评析］

了凡先生考取功名，授宝坻知县后，仍严格按照功过格来要求自己。大小善恶之事，事无巨细，都记录在案，晚上还要效仿赵阅道，向天地进行祷告。了凡先生的言行表明了中国古代知识分子对天地的敬畏和对成全自己生命意义的重视。

汝母见所行不多，辄[①]颦蹙[②]曰："我前在家相助为善，故三千之数得完。今许一万，衙中无事可行，何时得圆满乎？"夜间偶梦见一神人，余言善事难完之故，神曰："只减粮一节，万行俱完矣。"盖宝坻之田，每亩二分三厘七毫。余为区处[③]，减至一分四厘六毫。委[④]有此事，心颇惊疑。适[⑤]幻余禅师自五台[⑥]来，余以梦告之，且问此事宜信否。师曰："善心真切，即一行可当万善。况合[⑦]县减粮，万民受福乎。"吾即捐俸银，请其就五台山斋僧一万而回向之。

[注释]

①辄：总是。②颦蹙：皱眉蹙额，形容忧愁不乐。北齐颜之推《颜氏家训·治家》："尝寄人宅，奴婢彻屋为薪略尽，闻之颦蹙，卒无一言。"③区处：处理，筹划安排。《汉书·循吏传·黄霸》："鳏寡孤独有死无以葬者，乡部书言，霸具为区处。"④委：确实。⑤适：适逢，恰巧。⑥五台：今山西五台山。⑦合：全。

[译文]

你母亲见所行善事不多，经常皱眉蹙额担心地说："以前在老家的时候，我帮你行善，所以三千件善事才能很快地完成。如今，你又许诺要行一万件善事，我们住在衙门里也没有什么善事可行，要做到什么时候这一万件善事才能圆满啊？"一天夜里，我突然梦见一位神仙，我就把一万件善事难以完成的原因告诉了这位神仙，神仙说："只减税粮一件事，一万件善事就能圆满了。"原来宝坻县的田租是每亩二分三厘七毫。我就把全县的田税重新调整了一下，减收至一分四厘六毫。遇到这么件事情，也确实让人觉得惊奇不定。正赶上幻余禅师从五台山到宝坻县来，我就将梦里的事情告诉了他，问这件事应不应该相信。幻余禅师说："只要为善之心真切，那么一个善行也就可以抵万件善事了。何况全县减税粮，是万民受福的好事呢。"我听了禅师之话，立刻把我所得的薪俸捐出，请禅师在五台山斋僧一万人，并把斋僧的功德回向。

［评析］

行善事本质是做自己力所能及之事。在自己能力范围内，把自己承担的工作做好，就是为别人行方便，就是为善。作为官员，他能处处为百姓着想，心系百姓，减轻他们的负担，就是一件大善事。所以，善事并不在数量的多少，关键在于起心动念的着眼点。

孔公算予五十三岁有厄①。余未尝祈寿，是岁竟无恙②，今六十九矣。《书》③曰："天难谌，命靡常。"④又云："惟命不于常。"⑤皆非诳语⑥。吾于是而知：凡称祸福自己求之者，乃圣贤之言；若谓祸福惟天所命，则世俗之论矣。

［注释］

①厄：灾难。②恙：疾病和忧愁。③《书》：《尚书》。④天难谌，命靡常：语出自《尚书·咸有一德》。难谌，不能信任。靡常，无常，没有一定的规律。⑤惟命不于常：语出自《尚书·康诰》。⑥诳语：骗人的话。清王筠《菉友肊说》："连篇累牍，尽是诳语。"

［译文］

孔先生算我五十三岁时有灾难。我不曾祈天求寿，这一年竟然一点病痛都没有过。我今年已经六十九岁了。《尚书》上说："天是不能相信的，命是没有定规的。"又说："只有天命是不定的。"这些都不是骗人的话。我由此得知：凡是说祸福是自己求得的，这是圣人之言；若称祸福只是由上天所定，那必是凡夫俗子的言论。

［评析］

改变了世界观，就改变了整个世界。了凡从宿命论的束缚中解脱出来后，就拥有了完全不同的命运，他的生活无论从时间还是空间上，都完全突破了原来预言的限制，成就了一个崭新的自我。

汝之命未知若何？即命当荣显，常作落寞想；即时当顺利，常作拂逆[1]想；即眼前足食，常作贫窭[2]想；即人相爱敬，常作恐惧想；即家世望重，常作卑下想；即学问颇优，常作浅陋想。远思扬祖宗之德，近思盖[3]父母之愆[4]；上思报国之恩，下思造家之福；外思济人之急，内思闲[5]己之邪[6]。务要日日知非，日日改过。一日不知非，即一日安于自是。一日无过可改，即一日无步可进。天下聪明俊秀不少，所以德不加修、业不加广者，只为因循[7]二字耽阁[8]一生。云谷禅师所授立命之说，乃至精至邃[9]、至真至正之理，其熟玩[10]而勉行之，毋自旷[11]也。

［注释］

①拂逆：违背，违反。宋代苏轼《省试策问三》："安视而不恤欤，则有民穷无告之忧；以义而裁之欤，则有拂逆人情之患。"②贫窭：贫困，贫穷。《荀子·大略》："然故民不困财，贫窭者有所窜其手。"③盖：遮蔽，掩盖。④愆：罪过，过失。⑤闲：防制。《周易·干卦》："闲邪存其诚。"⑥邪：邪念。⑦因循：苟且偷安，得过且过，不振作。⑧耽阁：即耽搁，阻止进步。⑨邃：深远，精深。⑩熟玩：认真钻研。宋代朱熹《答吕子约书》："盖本其平日用功，只以博学力行为事，而未尝虚心平气，熟玩圣贤之言，以求至理之所在。"玩，珍爱，研学。⑪旷：虚度光阴。

［译文］

你未来的命运不知道会怎么样？就算命中该荣华富贵，还是要常假想自己不得意；就算现实中很顺利，还是要常假想自己处于逆境；就算眼前丰衣足食，还是要常假想自己贫困潦倒；即使你受人尊重爱戴，还是要常怀敬畏之心；即使身为豪门望族，还是要常假想自己身份低微；就算你学问高深，还是要常假想自己学问粗浅鄙陋。往远里讲，要传扬祖宗的德行；在近里想，要遮掩父母的过失。上思报效国家的恩惠，下思造福一家。外思救人之急，内思防己邪患。务必要每日都知晓自己所犯的过错，天天都要改过。一天不知自己的过错，就一天自以为是，安于现状而停滞不前。一日无过可改，就意味着一日无步可进。天底下聪明俊秀的人不少，然而他们却不去用功修德，也不去努力发展事业，就是因为“因循”这两个字，得过且过、不思进取，就这样耽误了自己的一生。云谷禅师讲授的立命之道乃是精深至远、至真至正的道理。你要仔细研习、努力践行，切不可虚度大好时光。

[评析]

以居安思危、未雨绸缪的态度应对生活。这看似一种悲观的生活态度，事实上却是对自己的一种鞭策。

第二篇　改过之法

春秋诸大夫，见人言动[①]，亿[②]而谈其祸福，靡[③]不验者，《左》[④]《国》[⑤]诸记可观也。大都吉凶之兆，萌[⑥]乎心而动乎四体[⑦]，其过于厚者常获福，过于薄者常近祸。俗眼[⑧]多翳[⑨]，谓有未定而不可测者。至诚合天，福之将至，观其善而必先知之矣。祸之将至，观其不善而必先知之矣。今欲获福而远祸，未论行善，先须改过。

［注释］

①言动：言谈举止。②亿：通“臆”，臆测，揣度。《论语·先进》：“亿在屡中。”③靡：无，没有。《史记·外戚世家》：“秦以前尚略矣，其详靡得而记焉。”④《左》：《左传》，即《左氏春秋》，汉代改称《春秋左氏传》，简称《左传》。旧时相传是春秋末年左丘明为解释孔子的《春秋》而作。它起自鲁隐公元年（前722），讫于鲁悼公十四年（前454），以《春秋》为本，通过记述春秋时期的具体史实来说明《春秋》的纲目，是儒家重要经典之一。它与《春秋公羊传》、《春秋穀梁传》合称“春秋三传”。⑤《国》：即《国语》。《国语》是中国最早的一部国别史著作。记录了周朝王室和鲁国、齐国、晋国、郑国、楚国、吴国、越国等诸侯国的历史。包括各国贵族间朝聘、宴飨、讽谏、辩说、应对之辞以及部分历史事件与传说。⑥萌：萌生，萌芽。⑦四体：四肢。《论语·微子》：“四体不勤，五谷不分。”⑧俗眼：尘世中人的眼睛，借指凡夫俗子。唐代薛用弱《集异记·王涣之》：“诸伶竞拜曰：‘俗眼不

识神仙，乞降清重，俯就筵席。’”⑨翳：眼睛角膜病变后遗留下来的瘢痕。

［译文］

春秋时代的诸位大夫，通过人的言谈举止，就能揣度出这个人的吉凶祸福，而没有不灵验的。这从《左传》《国语》的记载中就可以看出。一般来说，大多数吉凶祸福的预兆，是先从人的内心之中萌发，然后通过人的举止行为而表现出来。譬如说，行为举止仁厚稳重的人，就能经常得到福报；而一个举止轻薄的人，一定经常遭遇灾殃。凡夫俗子们被蒙蔽了，才认为吉凶祸福是未定的而且是不可预测的。内心的至诚状态是与天道相合的，通过观察这个人的善心善行，便可窥知天道，预知福禄是否会降临到这个人的头上。通过观察一个人的恶心恶性，也可通晓天道，预知灾祸的降临。人若想趋福避祸，可以先不谈如何行善，但必须先力行改过，自然就能向善。

［评析］

人的言行举止是人内心的外在显现，所以通过观察人的言行就可以察觉其内心的活动。而人的至诚内心就是天道于人的自我显现，因此要想知道天道赏善罚恶，首先通过人的外在的行为，来知晓其内心，进而得知其显现的天道。对于那些善于观察的人来说，窥知于此即可趋利避害，而那些凡俗之人对于这些道理无动于衷。所以，若想趋利避害，首先要从自身之心上下功夫。

但改过者，第一要发耻心。思古之圣贤与我同为丈夫①，彼何以百世可师？我何以一身瓦裂②？耽染尘情③，私行不义，谓人不知，傲然④无愧，将日沦⑤于禽兽而不自知矣。世之可羞可耻者，莫大乎此。孟子曰：“耻之于人大矣。”⑥以其得之则圣贤，失之则禽兽耳。此改过之要机⑦也。

［注释］

①丈夫：这里泛指人，原为道德高尚的贤人的称谓。②瓦裂：像瓦片一

般碎裂。比喻分裂或崩溃破败。明代宋濂《题顾主簿上萧侍御书后》："立身一败，万事瓦裂。"③耽染尘情：甘愿受外诱内惑的污染。耽，心甘情愿。染，污染。尘，指声色货利等一切外诱。情，指喜怒哀乐等一切内惑。④傲然：高傲、傲慢的样子。《晏子春秋·谏下十五》："（齐景公）带球玉而冠且，被发乱首，南面而立傲然。"⑤沦：沉溺。⑥耻之于人大矣：语出自《孟子·尽心上》。孟子曰："耻之于人大矣！为机变之巧者，无所用耻焉。不耻不若人，何若人有？"孟子认为，人具有恻隐之心、羞恶之心、辞让之心和是非之心这四个与生俱来的善端。这四端是人成其为人的根本所在。所以，孟子这里认为耻对人而言很重要。而那些不知羞耻玩弄阴谋诡计的人，是没有羞耻之心的。这些人不以德行不如别人为耻，怎么会赶得上有德之士呢？⑦要机：要旨。明代唐顺之《廷试策一道》："臣伏读陛下敬一之箴，则于尧、舜、禹、汤、文、武之心法，而为知人安民之要机者，固自有在矣。"

［译文］

而改过的方法，第一要发羞耻心。我们好好想一想，古代的圣贤与我们同样是人，他们为什么能流芳百世，为后人效法？而我们为什么会在身后就如同瓦片断裂一般默默无闻了？那些甘愿受诱惑污染，暗中行不义之事的人，自以为别人不知道，还在自鸣得意，却会在自己不知不觉中渐渐变成了衣冠禽兽。世界上没有比这更可羞可耻的了。孟子也说过："人所固有的羞恶之心是十分重要的。"这是因为人能存之，这就与圣人很接近了，若失去了它则会入于禽兽之流。这是改过的要旨。

［评析］

中国古代的思想家都十分重视"耻"的问题。美国人类学家鲁思·本尼迪克特在《菊与刀》中曾将东方文化概括为"耻感文化"。儒家思想是中国传统耻感文化的重要来源。儒家强调："耻"意识是道德的基础，"羞恶之心，义之端也"（《孟子·公孙丑上》），并把"礼、义、廉、耻"称为四德，当作为人处世的根本。《礼记·哀公问》曰："物耻足以振之，国耻足以兴之。"孔子说："好学近乎知，力行近乎仁，知耻近乎勇。"孟子说："人不可以无耻，无耻之耻，无耻矣。”还说：“耻之于人大矣。”（《孟子·尽心上》）孟子还将羞恶之心与恻隐之心、辞让之心、是非之心并列，共同视为人之为人的根本。他甚至认为：“无羞恶之心，非人也。”（《孟子·公孙丑上》）宋代著名理学家朱熹说：“人有耻则能有所不为。”（《朱子语类》卷十三）由此可知，在中国古代的思想家，特别是儒家的思想家看来，知耻是改过的前提。

第二要发畏心。天①地②在上，鬼神难欺，吾虽过在隐微，而天地鬼神实鉴临③之，重则降之百殃④，轻则损其现福，吾何可以不惧？不惟⑤是也。闲居之地⑥，指视⑦昭然⑧，吾虽掩之甚密，文⑨之甚巧，而肺肝⑩早露，终难自欺，被人觑破⑪，不值一文矣，乌⑫得不懔懔⑬？不惟是也。一息⑭尚存，弥⑮天之恶，犹可悔改。古人有一生作恶，临死悔悟，发一善念，遂⑯得善终者。谓一念猛厉⑰，足以涤⑱百年之恶也。譬如千年幽⑲谷，一灯才照，则千年之暗俱除。故过不论久近，惟以改为贵。但尘世无常，肉身易殒⑳，一息不属㉑，欲改无由矣。明则千百年担负恶名，虽孝子慈孙不能洗涤；幽则千百劫沉沦狱报，虽圣贤佛菩萨不能援引㉒，乌得不畏？

［注释］

①天：天帝。②地：地神。③鉴临：审察，监视。唐代韩愈《论佛骨表》：“佛如有灵，能作祸祟，凡有殃咎，宜加臣身。上天鉴临，臣不怨悔。”④百殃：各种灾难。《尚书·伊训》：“作善，降之百祥；作不善，降之百殃。”⑤惟：独。⑥闲居之地：这里指自己私人的房间。闲居，避人独居。⑦指视：以手指示。视，通“示”。⑧昭然：明明白白，显而易见。⑨文：文饰，掩饰。⑩肺肝：比喻内心。《礼记·大学》：“人之视己如见其肺肝然。”⑪觑破：暗中识破。觑，窥探。⑫乌：何，哪。⑬懔懔：敬畏、危惧、戒慎的样子。《尚书·泰誓中》：“百姓懔懔，若崩厥角。”孔传：“言民畏纣之虐，危惧不安。”⑭一息：一口气息。《醒世恒言·张廷秀逃生救父》：“打起火来看时，却是十五六岁一个小厮，生得眉清目秀，浑身绑缚，微微止有一息。”⑮弥：

满，遍。⑯遂：即。⑰猛厉：严厉刚烈。⑱涤：洗除，净尽。⑲幽：黑暗而进深。⑳殒：落地，殒没。㉑一息不属：一气离身不为己有，这里指断气死亡。㉒援引：牵拉。

［译文］

第二个改过方法，就是发敬畏心。天地在上，鬼神难欺，即使在隐蔽处犯了一个微小的错误，天地鬼神实际上都能看得一清二楚。如果他犯了严重的错误，天地鬼神就会把多种灾祸，降到他身上。即使犯了轻微的过失，也会减损现有的福报。既然会这样，那么我们还有什么理由不发敬畏之心呢？不仅如此，即便是在避人独居之处，也会像被神明用手指点一样，显而易见。即使隐藏得再好，文饰得有多么巧妙，但是自己的内心早已袒露在外，自己也是心知肚明，难以自欺。要是被人暗中识破，那也就人格破产了，一文钱也不值了。所以，怎么能不常存一颗敬畏之心呢？不仅如此，人只要有一口气在，即使犯下滔天大罪，还是可以忏悔改过的。从前有个人做了一辈子坏事，在他临终时悔悟了，发了一个善念，于是就得到了善终。这就是说，能下痛改前非的决心，就足够洗净多年来积累的罪恶了。这好比千年的幽深山谷，只要在其中点一盏灯，那么笼罩这个山谷千年的黑暗就会被全部清除。所以说，不去计较什么时候犯的错，最可贵的就是知错能改。但是人生变化无常，肉身易逝，等到断气了，再想改正错误，也无从下手了。于是，在阳间遗臭万年，即使有孝子贤孙为你洗脱，也无能为力；在阴间则要忍受到千百劫的地狱中的折磨，即使圣贤佛菩萨也救不了你。这又怎么能不去畏惧呢？

［评析］

抬头三尺有神灵，这话在民间几乎妇孺皆知。对神灵的敬畏不仅是停留在明堂祭祀，而是要贯穿于整个生活之中。在古人看来，神明是人的行为的监督者、规范者以及赏罚者。即使你自认为神不知鬼不觉的隐秘之事，对神明而言，也是了如指掌，如同发生于朗朗乾坤之下。除此之外，生命主体对道德的担当是在其生命过程中实现的，人在身后世界是无法再次塑造现实世界的形象的。所以，人要时时心怀敬畏之心而慎独其身，而不能表面看上去道貌岸然，实际上却男盗女娼，表里不一。这样一旦被人识破，就会陷自己于孤立的境地，被社会群体所排斥。

第三须发勇心。人不改过，多是因循①退缩。吾须奋然②振作，不用迟疑，不烦等待。小者如芒刺在肉，速与抉剔③。大者如毒蛇啮④指，速与斩除，无丝毫凝滞⑤。此风雷之所以为益也⑥。

[注释]

①因循：疏懒，怠惰，闲散。北齐颜之推《颜氏家训·勉学》："世人婚冠未学，便称迟暮，因循面墙，亦为愚尔。"②奋然：勇往振作。③抉剔：找出并拔去。唐代裴延翰《〈樊川文集〉序》："其抉剔挫偃，敢断果行，若誓牧野，前无有敌。"④啮：咬。⑤凝滞：迟疑不决。⑥此句来自《易经》中"风雷益"这个卦名。此卦是说风行雷厉，直捷痛快，容易成功。

[译文]

第三，需要发勇心。人不改过，多是因为因循退缩。我们需要勇往直前，振作起来，不能迟疑，也不要等待。小的过失，就像芒刺刺在肉里，要赶快拔掉。大的过错，就像被毒蛇咬了手指，要马上切掉手指，不能犹豫不决，有丝毫的拖延。这就是《易经》所讲的风行雷厉，直捷痛快，容易成功。

[评析]

孔子说："知耻而后勇。"就是说在面对自己所犯的错误的时候，不要犹豫，不要彷徨，不要畏难，要当机立断，雷厉风行地加以改正。知耻是改正错误的前提，是认清自己行为对错的过程。敬畏就是督促，上有天地众神于冥冥中的监督，下有众人于旁的见证，认识到了自己的错误不改不行。勇敢就是当机立断地彻底改正过去所犯之恶，重塑自我。

具是三心[①]，则有过斯改，如春冰遇日，何患不消乎？然人之过，有从事上改者，有从理上改者，有从心上改者，功夫不同，效验亦异。如前日杀生，今戒不杀；前日怒詈[②]，今戒不怒。此就其事而改之者也。强制于外，其难百倍，且病根终在，东灭西生，非究竟廓然[③]之道也。

[注释]

①三心：指上文所讲的耻心、畏心、勇心。②詈：骂，责骂。③廓然：形容空旷、寂静的样子。晋陶潜《祭从弟敬远文》："庭树如故，斋宇廓然。"

[译文]

具备了"耻心""畏心""勇心"这三心，那么知过就能悔改，这如同春天的冰遇到了骄阳，不用担心消融不了。然而犯了错，有的人从事上改，有的人从理上改，有的人从心上改。这三种人改过所下的功夫不同，收到的效验也是不同的。譬如前日杀生，知道破了戒，今日就戒杀了；前日暴怒，知道破了戒，今日就不再发怒了。这是从事上去改。把外在的压力作为自己改错的动力，这比发自内心地去改错要困难许多。况且过错的病根尚未被根除去掉，只治标不治本，如同摁倒葫芦起了瓢，东边改完西边犯，这不是从根本上解决问题的办法。

[评析]

"耻心""畏心""勇心"是在心理上对过错的消解。从具体的改错方法看，有人从事上改，有人从理上改，有人从心上改。这三种改错方法的功夫不同，所收到的效果也是不同的。

从事上改，是就事论事对错误的纠正，只及一事而不能旁涉他物，是自我被动的改错，是自我为应对外在压力而采取的改错方法。这种方法所导致的就是道德主体能动性的发挥依傍于外在压力的出现，在此意义上讲，这个能动性是暂时的、断断续续的，并不能连续而持久地发挥作用。

善改过者，未禁其事，先明其理。如过在杀生，即思曰：上帝好生，物皆恋命，杀彼养己，岂能自安？且彼之杀也，既受屠割，复入鼎镬[①]，种种痛苦，彻[②]入骨髓。己之养也，珍膏[③]罗列[④]，食过即空。疏食菜羹，尽可充腹，何必戕[⑤]彼之生，损己之福哉？又思血气之属，皆含灵知[⑥]，既有灵知，皆我一体。纵[⑦]不能躬修至德，使之尊我亲我，岂可日戕物命，使之仇我憾[⑧]我于无穷也？一思及此，将有对食痛心，不能下咽者矣。如前日好怒，必思曰：人有不及，情所宜矜[⑨]。悖[⑩]理相干[⑪]，于我何与[⑫]？本无可怒者。又思天下无自是之豪杰，亦无尤[⑬]人之学问。行有不得，皆己之德未修，感未至也。吾悉以自反，则谤毁之来，皆磨炼玉成[⑭]之地，我将欢然受赐，何怒之有？又闻谤而不怒，虽谗焰熏天，如举火焚空，终将自息。闻谤而怒，虽巧心力辩，如春蚕作茧，自取缠绵[⑮]。怒不惟无益，且有害也。其余种种过恶，皆当据理思之。此理既明，过将自止。

［注释］

①鼎镬：鼎和镬。古代两种烹饪器。《说文》："鼎，三足两耳，和五味之宝器也。"镬，形如大盆，用以煮食物的铁器。②彻：透，达。③珍膏：珍品，美味。④罗列：陈列面前。⑤戕：杀害。⑥灵知：指众生本具的灵明觉悟之性。南朝梁宣帝《迎舍利》诗："灵知虽隐显，妙色岂荣枯。"⑦纵：即使。⑧憾：怨恨。⑨矜：怜悯。⑩悖：逆。⑪干：犯。⑫与：关系。⑬尤：怨。⑭玉成：助之使成，后为成全之意。宋代张载《西铭》："富贵福泽，将厚吾之生也；贫贱忧戚，庸玉女于成也。"⑮缠绵：纠缠。晋陶潜《祭从弟敬远文》："余尝学仕，缠绵人事。流浪无成，惧负素志。"

［译文］

善于改过的人，在彻底改正某个具体的错误之前，会先把其中的道理弄清楚。譬如，犯了杀生之过，就应想：上天有好生之德，所有生物都珍惜自己的生命，而我们却要杀害它们来养活自己，我们这样做又怎么可以心安理得呢？况且这些生灵被你杀害之时，先受宰割之苦，再受蒸煮之痛，种种痛苦，深入骨髓。为满足自己的口欲，各种山珍海味盛满桌面，但是这种种美食吃过之后，被肠胃消化，最后我们的肠腹中还不是空空的吗？蔬食菜羹之类的素食也一样能填饱肚子，又何必为求得口腹之欲而杀害生命、折损自己的福禄呢？再想一下，有血气的生灵，都有灵知。既然这样，那就与我们人类应该同属一类。纵使自己修不成像圣贤那样的至德，来让其他人尊敬我，亲近我，岂能每天伤害生命，使生灵对我有无穷无尽的仇恨呢？一想到这些，就会可怜起那些餐桌上的生灵了，而不忍心下咽了。再如前些日子好怒，一定想：人非圣贤，孰能无过？这些都是应该理解和同情的。如果违背情理，与他人互相争执，对我又有什么好处呢？实际上，本来就没有什么值得发火的事情。再想，天下没有自封的豪杰，也没有故意找别人的碴儿的学问。做事不顺利，都是自己不去修德，领悟还达不到那个境界。我们都应该这样去做自我反省，那么当毁谤袭来，就当作是把自己磨炼成美玉的好机会，我们应该欣然接受，又有什么可发火的呢？面对别人的毁谤也不生气，即使谗言像熊熊烈火一样猛烈，也只不过是举火烧空，最终也会自己熄灭。面对别人的毁谤而发怒，费尽心机地去辩护，这就如同春蚕作茧自缚。生气发火是有百害而无一利的事。其他的种种过失，都可以以此类推。这个道理若能明白，过错就不会再发生了。

[评析]

从事的层面改正错误，是就事论事。从理的层面改就是要举一反三。了凡先生这里举杀生和嗔怒两件具体的事来反思其背后之理。

从杀生这件事来看，不仅要禁止杀生，还要认识到不杀生的几重道理：首先，上天有好生之德，动物有生存的权利。其次，我们吃谷物蔬菜就能果腹，为什么非要为了满足自己的口腹之欲杀害生灵呢？再次，动物和人本质上同属一类，我们何必残害同类呢？

从嗔怒这件事来看，同样要认识到不怒的几重道理：首先，人非圣贤，孰能无过？他人有过错，惹得你生气发怒。但仔细一想，更需要同情和理解，因为错误和过失是他人所造成的，对他自己的人格和品德有伤害。其次，做事不成功，事情不顺利也都不能迁怒于他人，这些都是自己功德不够、境界不高所造成的。再次，人发怒生气并不能解决问题。

因此，从理上改过，面向的不单纯是一个个体孤立的事物，而是同属一理的一类事情。在这个过程中，不仅要考察自身行为的过失，还要去考察与他者的关系。例如，在对待外物的时候，主体行为的合理性，则在于对生命的普遍形式的承认、尊重和保护。因为其他生命体与人具有同等的灵知，在此意义上，人与万物实现了“物我一体”。而在对待其他人的时候，应当以宽容的态度去面对。

何谓从心而改？过有千端，惟心所造，吾心不动，过安从生？学者于好[①]色、好名、好货、好怒种种诸过，不必逐类寻求，但当一心为善，正念现前，邪念自然污染不上。如太阳当空，魍魉[②]潜消[③]，此精[④]一[⑤]之真传也。过由心造，亦由心改，如斩毒树，直断其根，奚[⑥]必枝枝而伐、叶叶而摘哉？

［注释］

①好：嗜好。②魍魉：古代传说中的山川精怪。《孔子家语·辨物》：“木石之怪夔魍魉。”③潜消：暗中消除。唐代元稹《崔弘礼郑州刺史制》：“春秋时郑多良士，是以师子大叔之政，而群盗之气潜消。”④精：精密。⑤一：纯一。⑥奚：何。

［译文］

什么叫从心上改呢？千百万种的过失，都是由心所造。我们若能不动心念，过错怎么可能发生呢？求学的人不必再对好色、好名、好货、好怒等这些过错逐类寻求改正之法，只要一心为善，让心中充满正念，邪念自然就不会污染我们了。就像烈日当空，鬼怪精灵不敢出来一样。这就是最精确纯一的修心补过的方法。过由心造，亦由心改。譬如，要斩除毒树，就直接断其根部，何必一枝一枝去剪、一叶一叶去摘呢？

[评析]

从心上改正过错，是根本性的。各种过失皆起于心，心有造作，有分别，才会有错误的产生。而本心纯正，不动妄念，就不会有种种过失的出现。《华严经》说："心如工画师，能画诸世间，五蕴悉从生，一切唯心造。"是说世间一切都来自于心。因而，改正过错，就不必于一事一物上寻求，也不必在一类一理上琢磨，只需把握本心、去除妄念，一切的过失自然烟消云散。

大抵最上治心，当下清净，才动即觉，觉之即无。苟未能然，须明理以遣①之。又未能然，须随事以禁之。以上事而兼行下功，未为失策。执下而昧②上，则拙③矣。

[注释]

①遣：发派。②昧：掩蔽。③拙：笨拙。

[译文]

改过最好的方法是修心。使心于当下处于清净状态，当心中的念头闪动，就能立刻觉察，然后去除念头，重归清净。如果做不到这些，那就要明白其中的道理，把这种犯过的念头祛除。若是连这个也做不到，那就只好强制禁止不犯。并行上面提到的改过方法，也是可以的。若只懂在表面上行事，而不在根本上下功夫，就是干蠢事了。

[评析]

在这一小节，了凡先生对改错的三种方法——从事上改、从理上改、从心上改进行了总结。三者相较，最好的当然是从心上改，也就是治心或修心。只要修得一念清净，妄念顿除，就不存在什么过失和错误了。退而求其次，则"明理以遣之"。再次之，则"随事以禁之"。三种方法可以同时采用，都不为过。但如果执迷于事的层面，而不求上升到理和心的层次，则错误会屡禁屡犯，不能禁绝。

顾发愿改过，明须良朋提醒，幽须鬼神证明。一心忏悔，昼夜不懈，经一七[①]、二七[②]，以至一月、二月、三月，必有效验。或觉心神恬[③]旷[④]，或觉智慧顿开，或处冗沓[⑤]而触念皆通，或遇怨仇而回瞋[⑥]作喜，或梦吐黑物，或梦往圣先贤提携[⑦]接引[⑧]，或梦飞步太虚[⑨]，或梦幢幡[⑩]宝盖[⑪]，种种胜[⑫]事，皆过消灭之象也。然不得执此自高，画[⑬]而不进。

［注释］

①一七：七天。②二七：十四天。③恬：安适。④旷：开阔。⑤冗沓：事物冗细重沓。⑥瞋：睁大眼睛。⑦提携：照顾，扶植。《南齐书·萧景先传》："景先少遭父丧，有至性，太祖嘉之。及从官京邑，常相提携。"⑧接引：佛教语。本义是接取引导人，用来指佛与观世音、大势至两菩萨引导众生入西方净土。宋代张商英《护法论》："佛之随机接引，故多开遮权变，不可执一求也。"《观无量寿经》曰："以此宝手接引众生。"⑨太虚：空寂玄奥之境。《庄子·知北游》："是以不过乎昆仑，不游乎太虚。"⑩幢幡：指佛教、道教所用的旌旗。幢，支撑幡的杆柱，高大并且其顶部安有宝珠。幡，指杆柱上所垂的长帛。幢幡一般建于佛寺或道场之前。⑪宝盖：佛道或帝王仪仗等的伞盖。《维摩经佛国品》曰："毗耶离城有长者，子名曰宝精，与五百长者子，持七宝盖，来诣佛所。"⑫胜：稀有。⑬画：截断进程。

［译文］

不过要发愿改过的话，不仅在明里头，需要良师益友来提点；而且在暗里头，还需要鬼神作证。这样一心忏悔，无论昼夜都不会懈怠，经过七日、十四日以至于一个月、两个月、三个月的时间后，一定会有效验。或是感觉心旷神怡，或是感觉心智顿开，或是身处繁杂的境遇而心境通达，或是碰到冤家仇人而能化愤怒为乐观的心境，或是在梦里吐出黑色的污秽之物，或是梦到往圣先贤来提携指点自己，或是梦见自己虚空漫步，或是梦见各种各样的旌旗伞盖，这些难得一见的美事，都是过错恶业消灭的好征兆。但不能因此自满，而不思进取。

［评析］

从事、理、心三个方面改过是方法，本节则是从改过进程的角度进行的探讨。按照了凡先生的说法，在名师提携和上天督察之下，经过时间不等的修行，就会取得不同的效果，或者身心舒适，或者智慧通达，不一而足，这些都是修行所取得的结果。

昔蘧伯玉①当二十岁时，已觉前日之非而尽改之矣。至二十一岁，乃知前之所改未尽也。及二十二岁，回视二十一岁，犹在梦中。岁复一岁，递递②改之，行年③五十，而犹知四十九年之非。古人改过之学如此。

［注释］

①蘧伯玉：名瑗，春秋末卫国大夫，因贤德闻名于诸侯。②递递：通"递递"，循序渐进。③行年：经历的年岁，指当时年龄。《荀子·君道》："以为好丽邪？则夫人行年七十有二，鲜然而齿堕矣。"

［译文］

春秋时的贤臣蘧伯玉，他在二十岁的时候，已觉得往日的过错都改正了。在他二十一岁的时候，才清楚自己以前的错误没有完全被克服。到他二十二岁的时候，回视二十一岁，如在梦中。年复一年，他循序渐进地改过，直到他五十岁的时候，他还清楚自己四十九年的过错。古人改过的功夫就是如此。

［评析］

蘧伯玉，名瑗，春秋时期卫国的大夫，以德行高尚著称，成语"寡过知非"就出自《淮南子·原道训》中记载的他的事迹："蘧伯玉年五十而知四十九年非。"相传孔子每次访问卫国都住在蘧伯玉家，可见二人友情深厚。孔子曾称赞他说："君子哉蘧伯玉！邦有道，则仕；邦无道，则可卷而怀之。"

如蘧伯玉这样品德高尚之人，改过尚且持续一生，何况我们这些凡人呢？

吾辈身为凡流，过恶猬集[①]，而回思往事，常若不见其有过者，心粗而眼翳[②]也。然人之过恶深重者，亦有效验：或心神昏塞，转头即忘；或无事而常烦恼；或见君子而赧然[③]消沮[④]；或闻正论而不乐；或施惠而人反怨；或夜梦颠倒，甚则妄言失志。皆作孽之相也。苟一类此，即须奋发，舍旧图新，幸勿自误。

［注释］

①猬集：比喻众多，如猬毛丛聚。猬，即刺猬，遇危险时将全身刺竖起以保护自己。《平山冷燕》第二十回："百事猬集，一刻不得空闲。"②翳：眼角膜上所生阻碍视线的白斑。这里指遮蔽。③赧然：惭愧、羞愧的样子。唐刘禹锡《上杜司徒书》："始赧然以愧，又缺然以栗。"④消沮：精神颓丧。宋代王安石《上皇帝万言书》："唐既亡矣，陵夷以至五代，而武夫用事，贤者伏匿消沮而不见。"

［译文］

我们都是平凡的人，身上的罪恶就像刺猬身上的刺那样多。当我们反省检讨的时候，看不到自己犯的错，那是因为我们的粗心大意，就像眼睛上长的白斑挡住了我们的视线一样。罪孽深重的人，也会有效验显现：要么大都心神昏塞，转头就忘；要么常无事烦恼；要么见到正人君子就羞愧沮丧；要么听闻正道则闷闷不乐；要么施惠于人却反遭别人怨恨；要么做一些颠倒的梦，甚至语无伦次，精神恍惚。这全都是作孽的征兆。若有上述一种情况出现，那就应该奋发图强、洗心革面了，千万不要耽误了自己。

［评析］

《论语》中载："子贡曰：君子之过也，如日月之食焉。过也，人皆见之；更也，人皆仰之。"《左传》中说："人谁无过？过而能改，善莫大焉。"这都是讲人无完人的。即使君子也会犯错，但是君子之所以为君子，是因为君子善于改正错误。小人之所以为小人，在于对错误的熟视无睹，即使各种后果已经显现，也毫不在乎。

第三篇　积善之方

《易》曰："积善之家，必有余庆。"①昔颜氏②将以女妻叔梁纥③，而历叙其祖宗积德之长，逆知④其子孙必有兴者。孔子称舜之大孝，曰："宗庙飨之，子孙保之。"⑤皆至论⑥也。试以往事征⑦之。

［注释］

①积善之家，必有余庆：语出自《周易·坤》。全句为："积善之家，必有余庆；积不善之家，必有余殃。"②颜氏：孔子母亲颜征在的家族。③叔梁纥：孔子之父。名纥，字叔梁。他是周代诸侯国即宋国君主的后代，后流亡到鲁国的昌平陬邑（今山东省曲阜、邹城市附近）。他人品出众，博学多才，兼会武功，任陬邑大夫。娶妻施氏，后纳二妾（一为伯尼之母，一为孔子之母颜征在），有九女二子。④逆知：预知，逆料。《后汉书·乌桓传》："乌桓逆知，悉相率逃走，追斩百级而还。"⑤宗庙飨之，子孙保之：语出自《中庸》："子曰：'舜其大孝也与！德为圣人，尊为天子，富有四海之内，宗庙飨之，子孙保之。故大德必得其位，必得其禄，必得其名，必得其寿。'"宗庙，古代天子、诸侯祭祀贤人之所。飨，受享、犒劳。子孙，指虞思、陈胡公等人。虞思，夏朝人。陈胡公，姓妫，名满，被周武王封为陈胡公。他们都是舜的后代。⑥至论：指高超的或精辟的理论。《淮南子·精神训》："藏《诗》《书》，修文学，而不知至论之旨，则拊盆叩瓴之徒也。"⑦征：证明，验证。

［译文］

《易经》上说："积善之家，后世一定有享不尽的福。"从前颜氏家族准备把女儿嫁给叔梁纥为妻，先是对叔梁纥的祖宗所积累的功德历数了一番，由此推知他家族的子孙后代一定会兴旺发达。孔子在称赞舜的孝行时说："舜不仅能被后来的天子诸侯当作圣贤在宗庙之中祭祀，而且他的子孙后代也会保卫他。"这都是精辟的道理啊。下面我试着用一些古人的例子来验证。

［评析］

在我们的日常生活中，人们常说"善有善报，恶有恶报"。按照中国人传统的理解，人们当下行为的果报，是在未来显现出来的。子子孙孙的祸福吉凶、贫贱富贵皆与祖先的行为善恶有关联。

杨少师荣①，建宁②人。世以济渡③为生。久雨溪涨，横流冲毁民居，溺死者顺流而下。他舟皆捞取货物，独少师曾祖及祖，惟救人，而货物一无所取。乡人嗤④其愚。逮⑤少师父生，家渐裕。有神人化为道者，语之曰："汝祖父有阴功，子孙当贵显，宜葬某地。"遂依其所指而窆⑥之，即今白兔坟也。后生少师，弱冠⑦登第，位至三公⑧。加曾祖、祖、父如其官。子孙贵盛，至今尚多贤者。

［注释］

①杨少师荣：杨荣，字勉仁，建宁人，初名子荣，少师是其职务。明惠帝建文二年（1400）进士。历任编修、太常卿、太子少傅、谨身殿大学士、少师等职。正统五年（1440）卒，年七十。赠太师，谥号文敏，授世袭都指挥使。见《明史·列传第三十六》。古代皇帝的老师有太师、太傅、太保和少师、少傅、少保的区分。少师是"三孤"（少师、少傅、少保）之一，周代始置，为君国辅弼之官，地位次于太师。北周以后历代多沿置，与少傅、少保合称"三少"。②建宁：在今福建省境内。③济渡：渡过水面。④嗤：讥笑。⑤逮：到，及。⑥窆：安葬。⑦弱冠：古代男子二十岁行冠礼，表示已经成

人，但体魄尚未强壮，所以称为弱冠，后泛指男子二十左右的年纪。《礼记·曲礼上》：“二十曰弱冠。”孔颖达疏：“二十成人，初加冠，体犹未壮，故曰弱也。”⑧三公：古代朝廷中三种最高官衔的合称。周以太师、太傅、太保为三公。《尚书·周官》：“立太师、太傅、太保，兹惟三公，论道经邦，燮理阴阳。”一说以司马、司徒、司空为三公。见《汉书·百官公卿表序》。西汉以丞相（大司徒）、太尉（大司马）、御史大夫（大司空）为三公，东汉以太尉、司徒、司空为三公，见《通典·职官一》。唐宋沿东汉之制，以太尉、司徒、司空为三公，但已非实职。明清沿周制，以太师、太傅、太保为三公，只用作大臣的最高荣衔。见《明史·职官志一》《清史稿·职官志一》。

[译文]

少师杨荣，福建建宁人。他祖上世代以摆渡为生。每当连日大雨，河水就会暴涨，凶猛的洪水冲毁了民居，被淹死的人的尸体就顺着洪流漂到下游。别的船只全都去争相打捞漂下来的财物，只有杨荣的曾祖父和祖父去抢救那些落水的人，对那些水中的货物却一无所取。同乡的人都讥笑他们愚笨。等到了杨荣父亲出生时，杨家渐渐富裕起来了。有一天，一位装扮成道人的神仙来到杨家说：“你们的祖父积有阴德，他的子孙也一定会享受富贵荣华。你们的祖先应该被安葬在某地。”家人于是就把先祖安葬在这个神仙指定的地点，这就是现在的白兔坟。后来杨荣出生了，到他二十岁的时候登科及第，官至三公少师。皇上还追封了他的曾祖父、祖父以及父亲的官号。杨家至今香火还是繁盛不衰，还出了很多贤达之士。

[评析]

在了凡先生看来，杨家先祖积累的功德在杨荣身上得到了验证，这是确凿的事实，也是我们为什么要做善事、积累功德的缘由。

鄞[①]人杨自惩，初为县吏，存心仁厚，守法公平。时县宰严肃，偶挞一囚，血流满前，而怒犹未息。杨跪而宽解[②]之。宰曰：“怎奈此人越法悖理，不由人不怒。”自惩叩首曰：“上失其道，民散[3]久矣。如得其情，哀矜[4]勿喜。喜且不可，而况怒乎？”宰为之霁颜[5]。家甚贫，馈遗[6]一无所取。遇囚人乏粮，常多方以济之。一日，有新囚数人待哺[7]，家又缺米，给囚则家人无食，自顾则囚人堪悯[8]。与其妇商之，妇曰：“囚从何来？”曰：“自杭而来，沿路忍饥，菜色可掬。”[9]因撤己之米，煮粥以食[10]囚。后生二子，长曰守陈，次曰守址，为南北吏部侍郎[11]。长孙为刑部侍郎[12]，次孙为四川廉宪[13]，又俱为名臣。今楚亭、德政，亦其裔也。

［注释］

①鄞：今浙江省宁波市。②宽解：宽慰劝解，解除烦恼。《东观汉记·冯异传》：“异侍从亲近，见上独居不御酒肉，枕席有泣涕处。异独入叩头，宽解上意。”③散：散失所从，无所依靠。④哀矜：哀怜，怜悯。《尚书·吕刑》：“皇帝哀矜庶戮之不辜。”⑤霁颜：收敛威怒之貌。《明史·杨荣传》：“帝（成祖）威严，与诸大臣议事未决，或至发怒。荣至，辄为霁颜，事亦遂决。”⑥馈遗：馈赠。《史记·孝武本纪》：“人闻其能使物及不死，更馈遗之，常余金钱帛衣食。”⑦待哺：饥饿至极期待得食，如嗷嗷待哺的婴儿。唐皇甫冉《赋长道一绝送陆邃潜夫》序：“众雏嗷嗷，开口待哺。”⑧悯：可怜。⑨菜色可掬：比喻长期饥饿，营养不良所造成的面色青黄之相。⑩食：给人东西吃。⑪吏部侍郎：中国古代吏部的副长官，明代从二品，清代为正二品。汉代尚书有常侍曹，主管承相御史公卿之事。东汉改为吏曹，主选举祠祀，后又改为选部。魏、晋以后称吏部，置尚书等官，主管官吏任免、考课、升降、调动等事。班列次序，在其他各部之上。清末废，并其职掌于内阁。侍郎，古代官名。汉制，郎官入台省，三年后称侍郎。隋唐以后，中书、门下及尚书省所属各部皆以侍郎为长官的副职。至清雍正时，递升至正二品，与尚书同为各部的堂官。⑫刑部侍郎：中国古代刑部的副长官，明代从二品，清代为正二品。刑部是掌管刑法、狱讼事务的官署，属六部之一。刑部官职最早出现于隋，明、清两代沿袭此制。⑬廉宪：宋、元时代的职官名。宋代全称廉访使者，元代全称肃政廉访使，主管监察事务。廉访使俗称为廉宪。明代冯琦《宋史纪

事本末·方腊之乱》："杀制置使陈建、廉访使赵约。"

［译文］

浙江宁波人杨自惩，起初在县里做县吏，存心仁厚，守法公平。当时的县官作风严格，有一次县官处罚一个犯人，直打得他血流满地，而县官还不息怒。杨自惩就跪地为犯人求情，请县官息怒宽恕。县官说："此人伤天害理，目无王法，怎能叫人不怒？"杨自惩听了就叩头说："为政者失道，百姓涣散已经很久了。如果知道是这种情况，那么便会哀痛可怜这些黎民百姓，就不会因为审出了案子而高兴。高兴尚且不可，又怎么能动怒于民呢？"县官听了，被感动而平息了怒火。虽然杨自惩家境非常贫穷，但是他从来不接受别人的馈赠。有时碰到囚犯缺粮，杨自惩经常想办法多方周济他们。有一天，县里新收押了几个囚犯，这些囚犯饿得就像嗷嗷叫的婴儿，非常可怜。当时杨自惩自己家里也缺米。若是把米给囚犯吃，那么自己家人就要挨饿了；留着自己吃吧，那些囚犯也怪可怜的。他跟妻子商量了一下，妻子问："这些囚犯是从哪里押来的？"杨自惩说："是从杭州来的，他们一路上忍饥挨饿，脸色饿得发黄。"于是他们把自己家的米拿出来一部分，煮成稀饭，分给那几个囚犯。后来杨自惩夫妇生了两个儿子，长子名叫守陈，次子名叫守址，为南北吏部侍郎。长孙做到刑部侍郎，次孙也做到四川廉访使，还都是名臣。当代的两位著名的人物楚亭和德政，也都是他们的后代。

［评析］

对于为官者来说，能够心怀仁义，普发仁义之心，摒除世俗偏见，救人于危急，这也就是为政得道。这和孟子所讲的见孺子将入井是一个道理。

孟子说明人人都有不忍人之心时，举例说："所以谓人皆有不忍人之心者，今人乍见孺子将入于井，皆有怵惕恻隐之心，非所以内交于孺子之父母也，非所以要誉于乡党朋友也，非恶其声而然也。由是观之，无恻隐之心，非人也；无羞恶之心，非人也；无辞让之心，非人也；无是非之心，非人也。”（《孟子·公孙丑上》）恻隐之心（不忍人之心）是人的本性，是自然而然的发露。具备恻隐之心才成其为人。这就好比当我们突然见到孩子掉到井里的时候，便会不顾一切地去救一样，而不是因为与孩子的父母的关系或者要荣耀于乡里，更不是讨厌孩子的哭闹声才去施救。而对于一个为政者而言，首先是要以自己为人，行为人之事，然后才能自觉地施行仁政。正如孟子所说："先王有不忍人之心，斯有不忍人之政矣。以不忍人之心，行不忍人之政，治天下可运之掌上。”（《孟子·公孙丑上》）

昔正统①间，邓茂七②倡乱于福建，士民从贼者甚众。朝廷起鄞县张都宪③楷南征，以计擒贼。后委④布政司⑤谢都事搜杀东路贼党。谢求贼中党附册籍，凡不附贼者，密授以白布小旗，约兵至日插旗门首，戒军兵无妄杀，全活万人。后谢之子迁中状元⑥，为宰辅⑦。孙丕复中探花⑧。

［注释］

①正统：明英宗朱祁镇的年号，从1436年至1449年前后共14年时间。②邓茂七（？～1449），原名邓云，因为杀死地主逃到福建宁化，后来又移居沙县，改名茂七。正统十三年（1448）二月，邓茂七聚众叛乱，在沙县陈山寨宣布建立政权，并自称铲平王，随后攻城略县，控制八闽，震动三省。后张楷由浙入闽，招降了叛军首领罗汝先、张谿孙、黄琴等。正统十四年（1449）二月，罗汝先诱邓茂七攻延平，在明军以重兵围攻下，邓茂七中箭死。③都宪：明代都察院、都御史的别称。④委：委派。⑤布政司：承宣布政使司的简称，管理全省财政、民政等。⑥状元：科举时代称殿试第一名为状元。唐制，举人赴京应礼部试者皆须投状，因称居首者为状头，故有状元之称。⑦宰辅：辅政的大臣，一般指宰相。汉代王符《潜夫论·本政》："周公之为宰辅也，以谦下士，故能得真贤。”⑧探花：明清两代称科举殿试考取一甲（第一等）第三名的人。

［译文］

明朝正统年间，邓茂七在福建造反，很多百姓都去入伙做了贼寇。朝廷派鄞县都宪张楷南征，最后张楷用计打败了邓茂七。朝廷后来委派布政司的谢都事剿杀东路的贼党。谢都事得到了贼党的花名册，凡没有参加贼党组织的百姓，都秘密地给了他们白布小旗，与他们约定好等到官兵进城时，将旗插在门前，而后又禁止军兵乱杀无辜。因此，救了数万无辜百姓的性命。后来谢都事的儿子谢迁中了状元，又做了宰相。他的孙子谢丕又中了探花。

［评析］

邓茂七在福建造反，自立为王，当然不能为朝廷和官府所容。张楷和谢都事对于这些“贼人”的剿杀，也是职责所在。邓茂七领导的农民起义，兵民混杂，官府的征剿往往会滥杀无辜。而在此次的征剿行动中，谢都事巧妙地区分了百姓与“反贼”，拯救黎民百姓于血光之灾中。既完成了职责，又做了件善事，为子孙积累了功德。

莆田[①]林氏，先世有老母好善，常作粉团施人，求取即与之，无倦色。一仙化为道人，每旦索食六七团，母日日与之，终三年如一日。乃知其诚也，因谓之曰：“吾食汝三年粉团，何以报汝？府后有一地，葬之，子孙官爵，有一升麻子之数。”其子依所点葬之，初世即有九人登第，累代簪缨[②]甚盛。福建有“无林不开榜”之谣。

［注释］

①莆田：今属福建省。北宋的林豫，南宋的林豢，以及明代创立“三一教”、提倡三教合一的林兆恩等都是福建莆田人。②簪缨：古代达官贵人的冠饰，后遂借以指高官显宦。南朝梁萧统《锦带书十二月启·姑洗三月》：“龙门退水，望冠冕以何年？鷁路颓风，想簪缨于几载？”

［译文］

在福建莆田有一家姓林的，林家先世有一位老母乐善好施，常常做粉团送给人家吃，只要有人向她要，她就给，脸上没有半点厌烦的样子。有位仙人变成道士来试探她，每天早晨都向她讨取六七个粉团，林家老母每天都给他，就这样三年如一日。仙人知道她是诚心布施，于是就对她说：“我吃了你三年的粉团，用什么能报答你呢？你家屋后有一块福地，只要在你死后安葬在那里，将来为官的子孙就能有一升麻子的数目那样多。”后来林家老母去世，其儿子按照那位仙人的指点，在那块地埋葬了自己的母亲。接下来的一代就有九人登科，从此，世代高官显宦不断。福建有“无林不开榜”的歌谣。

［评析］

积德行善不在于大小，贵在坚持。林家老母的善行虽不能说是轰轰烈烈，但是几十年如一日也实属不易。在了凡先生看来，这种善行的积累最终荫及后代子孙，以至于有“无林不开榜”之盛况。

冯琢庵[①]太史[②]之父，为邑[③]庠生[④]。隆冬早起赴学，路遇一人，倒卧雪中，扪[⑤]之，半僵矣。遂解己绵裘衣之，且扶归救苏[⑥]。梦神告之曰：“汝救人一命，出至诚心，吾遣韩琦为汝子。”及生琢庵，遂名琦。

［注释］

①冯琢庵：名琦，字用韫，号琢庵，临朐人。明万历五年（1577）进士。历任编修、侍讲、礼部右侍郎、礼部尚书等职。后卒于官，赠太子少保，谥号文敏。②太史：官名，三代为史官与历官。后职位渐低，秦称太史令，汉属太常，掌天文历法。魏晋以后太史仅掌管推算历法。至明、清两朝，修史之事由翰林院负责，又称翰林为太史。③邑：旧时县的别称。④庠生：科举时代称府、州、县学的生员，明清时为秀才的别称。元代柯丹邱《荆钗记·会讲》：“家无囊橐，忝列庠生之数。”⑤扪：用手摸。⑥苏：苏醒。

［译文］

冯琦太史的父亲，是县里的一位秀才。在一个冬天的早晨，他在前往学堂的路上，遇到了倒在雪中的一个人。冯琦的父亲用手摸了摸，这个人已经冻得半僵了。于是他赶紧脱下自己的棉衣皮袍给这人穿上，并把他扶到自己家中，救醒了这个人。结果那天晚上就梦见一位神仙告诉他说："你救了一条人命，是出于至诚之心而为之，我现把韩琦送给你做儿子。"等到孩子出生就取名为冯琦。冯琦号琢庵，是明朝的名臣。

[评析]

生命是最宝贵的，救人性命即为行大善事。佛语有云：救人一命胜造七级浮屠。

台州[①]应尚书[②]，壮年习业于山中。夜鬼啸集，往往惊人，公不惧也。一夕闻鬼云："某妇以夫久客不归，翁姑[③]逼其嫁人。明夜当缢[④]死于此，吾得代矣。"公潜[⑤]卖田，得银四两，即伪作其夫之书，寄银还家。其父母见书，以手迹不类[⑥]，疑之。既而曰："书可假，银不可假，想儿无恙。"妇遂不嫁。其子后归，夫妇相保如初。公又闻鬼语曰："我当得代，奈此秀才坏吾事。"旁一鬼曰："尔何不祸之？"曰："上帝以此人心好，命作阴德尚书矣，吾何得而祸之？"应公因此益自努励，善日加修，德日加厚。遇岁饥，辄捐谷以赈之；遇亲戚[⑦]有急，辄委曲[⑧]维持；遇有横逆[⑨]，辄反躬[⑩]自责，怡然[⑪]顺受[⑫]。子孙登科第者，今累累也。

[注释]

①台州：今浙江省台州市。②尚书：官名。尚即执掌之义，所以也称掌书。始置于战国时。秦为少府属官，汉武帝提高皇权，因尚书在皇帝左右办事，掌管文书奏章，地位逐渐重要。汉成帝时设尚书五人，开始分曹办事。东汉时正式成为协助皇帝处理政务的官员，从此三公权力大大削弱。魏晋以后，尚书事务益繁。隋代始分六部，唐代更确定六部为吏、户、礼、兵、刑、工。从隋唐开始，中央首要机关分为三省，尚书省即其中之一，职权益重。宋以后

三省分立之制渐成空名，行政全归尚书省。元代存中书省之名，而以尚书省各官隶属其中。明初犹沿此制，其后废去中书省，直接以六部尚书分掌政务，六部尚书于是相当于国务大臣。清代相沿不改。应尚书，即应大猷，字邦升，明代人，官至刑部尚书。③翁姑：公公和婆婆的合称。清蒲松龄《聊斋志异·小翠》："妇即命女拜王及夫人，嘱曰：'此尔翁姑，奉侍宜谨。'"④缢：上吊。⑤潜：毫不声张，暗地里。⑥类：相似，像。⑦亲戚：指内外亲属。⑧委曲：屈身折节。《汉书·儒林传·严彭祖》："凡通经术，固当修行先王之道，何可委曲从俗，苟求富贵乎!"⑨横逆：横暴不顺理的行为或事情。《孟子·离娄下》："有人于此，其待我以横逆，则君子必自反也。"赵岐注："横逆者，以暴虐之道来加我也。"⑩反躬：反过来要求自己；自我检束。《礼记·乐记》："好恶无节于内，知诱于外，不能反躬，天理灭矣。"⑪怡然：心平气和。⑫顺受：顺从地接受。《孟子·尽心上》："莫非命也，顺受其正；是故知命者不立乎岩墙之下。"

［译文］

浙江台州有一位应尚书，年轻的时候在山里读书。晚上会听到鬼怪聚众作祟吵闹的声音，时常很吓人，但是他一点都不害怕。有一夜，他听到鬼说："有一个妇人，因为丈夫离家外出很久都没有回来，她的公公和婆婆以为儿子已经死了，就逼她改嫁。这个贞妇不肯，所以明晚就会来这里上吊，我可找到替身了。"应公听到后，就立刻偷偷地把自己的田卖掉，得了四两银子，随后伪造了一封妇人丈夫的信，连同银子寄到她家。妇人的公公婆婆看到信后，发觉笔迹不同而生疑心，随即说道："就算这信可以是假的，而银子却假不了。我想儿子一定平安无事。"妇人就未再嫁。后来他们的儿子平安地回来了，夫妇二人相爱如初。应公又听到鬼说："我本来总算找到替身可以转世投胎去了，无奈被这秀才坏了我的事。"旁边一个鬼说："那你怎么不去害他?"那鬼说道："上帝因为这人心肠好，积了阴德，命该做尚书了，我怎么能害得了他呢?"应公于是更加努力，日日行善，功德也日渐增厚。遇到了饥荒，他就捐粮赈灾；遇到家中亲属有急难之事，他总是想方设法给予解决；遇到横暴不顺理的行为或事情，他就反躬自责，心平气和地大度包容，从不怨天尤人。到目前为止，他的子孙中考取功名者已经比比皆是了。

[评析]

佛教中的“鬼”和中国传统中的“鬼”略有不同。在佛教中，鬼只是六道之一，是天、人、阿修罗、畜生、饿鬼、地狱六种轮回形态之一。人死后，以自己所造之业，不但可能为鬼，也可能转生为其他的五类。但是中国人传统上只认为“人死为鬼”，鬼成了人死后灵魂的寄托。

常熟①徐凤竹栻②，其父素③富，偶遇年荒，先捐租以为同邑之倡④，又分谷以赈贫乏。夜闻鬼唱于门曰：“千不诓⑤，万不诓，徐家秀才做到了举人郎。”相续而呼，连夜不断。是岁，凤竹果举于乡⑥。其父因而益积德，孳孳⑦不怠，修桥铺路，斋僧接众⑧，凡有利益，无不尽心。后又闻鬼唱于门曰：“千不诓，万不诓，徐家举人，直做到都堂⑨。”凤竹官终两浙巡抚⑩。

[注释]

①常熟：在今江苏省东南部，为苏州市下辖的县级市。②徐凤竹栻：名栻，字世寅，号凤竹，明常熟人。嘉靖二十六年（1547）进士，授宜春令，历任江西、浙江巡抚，官终至南京工部尚书，年六十三卒，有《仕学集》存世。③素：向来。④倡：倡导，提倡。⑤诓：骗人。⑥乡：乡试。⑦孳孳：通“孜孜”，勤勉努力的样子。《礼记·表记》：“俛焉日有孳孳，毙而后已。”陈澔集说：“孳孳，勤勉之貌。”⑧接众：接待行脚僧，为之提供歇息住宿之所。⑨都堂：指都察院堂上长官。⑩巡抚：官名。明洪熙元年（1425）始设巡抚专职。清为省级地方政府长官，总揽全省军事、吏治、刑狱、民政等，职权甚重。

[译文]

江苏常熟的徐栻，号凤竹先生。他的父亲向来就十分富有。一年闹饥荒，为倡导全县的有钱人都来为同县百姓赈灾，其父就率先免去他应收的田租，接着又分粮赈济贫困百姓。一天夜里，他听见有鬼在他家门前唱道："千不诓，万不诓，徐家秀才做到了举人郎。"接着有鬼相继呼喊，一连几夜都没有间断过。这年，徐栻乡试果然中举。他的父亲从此更加努力地去积德行善，孜孜不倦。例如修桥铺路、斋僧接众等，凡是有益公众的事，无不尽心尽力。后来其父又听到有鬼在他家门前唱道："千不诓，万不诓，徐家举人直做到都堂。"徐栻后来果然官至两浙巡抚。

［评析］

以鬼唱于门的方式来预言某些事情的发生，虽然神秘和不可信，但作者想要说明的无非是赈济灾民，积德行善终究会获得善的报应这一主旨。

嘉兴①屠康僖公②，初为刑部主事③，宿狱中，细询诸囚情状，得无辜④者若干人。公不自以为功，密疏⑤其事，以白堂官⑥。后朝审⑦，堂官摘其语以讯⑧诸囚，无不服者，释冤⑨抑⑩十余人。一时辇下⑪咸颂尚书之明。公复禀⑫曰："辇毂之下⑬，尚多冤民，四海之广，兆民之众，岂无枉者？宜五年差一减刑官核实⑭而平⑮反⑯之。"尚书为奏，允其议。时公亦差减刑之列，梦一神告之曰："汝命无子，今减刑之议深合天心，上帝赐汝三子，皆衣紫腰金。"是夕夫人有娠⑰，后生应埙、应坤、应埈，皆显官。

［注释］

①嘉兴：今嘉兴市，位于浙江省北部。②屠康僖公：名勋，字符勋，号东湖，浙江平湖人。卒后赠太保，谥号康僖。③主事：官名。汉代光禄勋属官有主事。北魏置尚书主事令史，为令史中的首领。隋以后但称主事，本为雇员性质，非正规官职。金代始列为正官，职务以文牍杂务为主，也分管郎中、员外郎之职。明代于各部司官中置主事，官阶从七品升为从六品。清代又升为正

六品，与郎中、员外郎并列为六部司官。其他官署如内务府、理藩院及各部亦有主事。民国初，于国务院秘书厅、各部及驻外使馆中，设主事，在佥事下，相当于后之科员。④辜：罪。⑤疏：分条记录。⑥堂官：明清对中央各部长官如尚书、侍郎等的通称，因在各衙署大堂上办公而得名。“堂官”对“司官”而言，各部以外的独立机构的长官，如知县、知府等，亦可称“堂官”。明代高拱《辨名分疏》：“近年以来，属官不奉堂官约束。”⑦朝审：明清两代由朝廷派员复审死刑案件的一种制度。始于明天顺三年（1459），每年霜降后，三法司（刑部、都察院、大理寺）把已判死刑尚未执行的重囚的犯罪情节，摘要制册，送九卿各官详审，然后上呈皇帝裁决。参见《明史·刑法志二》。清代朝审与秋审并行，处理京师案件称朝审，处理外省案件称秋审。先朝审，后秋审。参见《清通典·刑法四·刑制》。⑧讯：审问。⑨冤：冤枉。⑩抑：压迫。⑪辇下：指京都。辇，古代用人拉着走的车子，后多指天子或王室坐的车子。⑫禀：禀报，下级对上级的报告。⑬辇毂之下：指京城。辇毂，指皇帝所乘之车。⑭核实：仔细考察，究其实情。⑮平：轻重酌中。⑯反：翻案。⑰有娠：怀孕。

［译文］

浙江嘉兴的屠勋，卒后谥号康僖。最初在刑部做主事官，经常晚上留宿在监狱里，细致询问囚犯的情况，结果发现有若干人是无罪被冤枉的。屠勋没有自认为这是自己的功劳，而是秘密地分条记录了下来，并把真相报告给主审官大人。后来在朝审死囚的时候，主审官就以他提供的材料为参考来审讯犯人，没有不信服的犯人，结果断定应该无罪释放的囚犯就有十余人。一时之间，京城百姓全都称赞尚书大人的英明之举。屠勋又禀报尚书大人说：“京城里面就这么多冤民，而我们的国家这么大，百姓人数众多，难道其他地方就没有冤案吗？所以应该每五年派一位减刑官，到各省去查实冤案、平反冤民。”最后尚书大人向皇上上奏了此事，皇上批准了这个奏议。当时屠勋也被任命为减刑官。一天晚上，屠勋梦见神仙告诉他说：“你命中本应没有儿子，如今看在你上奏减刑之事，深合天心，上天就赐给你三个儿子，并且让他们都享受高官厚禄。”这天晚上，屠勋的夫人就怀孕了，后来生下了屠应埙、屠应坤、屠应埈三个儿子，而且他们都做了大官。

[评析]

命运是可以通过个人的努力改变的，屠勋就是通过替死刑犯查明案情，为他们申冤，积累功德，改变了无子的命运。

嘉兴包凭，字信之。其父为池阳①太守②，生七子，凭最少。赘③平湖袁氏，与吾父往来甚厚。博学高才，累举不第，留心二氏④之学。一日东游泖湖⑤，偶至一村寺中，见观音像，淋漓露立，即解橐⑥中得十金⑦，授主僧⑧，令修屋宇。僧告以功大银少，不能竣事。复取松布四匹，检箧⑨中衣七件与之。内纻褶⑩系新置，其仆请已⑪之。凭曰：“但得圣像无恙，吾虽裸裎⑫何伤？”僧垂泪曰：“舍银及衣布，犹非难事。只此一点心，如何易得？”后功完，拉老父同游，宿寺中。公梦伽蓝⑬来谢曰：“汝子当享世禄矣。”后子汴、孙柽芳，皆登第⑭，作显官。

[注释]

①池阳：在今安徽省境内。②太守：官名。秦置郡守，汉景帝时改名太守，为一郡最高的行政长官。隋初以州刺史为郡长官。宋以后改郡为府或州，太守已非正式官名，只用作知府、知州的别称。明清时专指知府。③赘：招为女婿。④二氏：指佛、道两家。唐代韩愈《重答张籍书》：“今夫二氏之所宗而事之者，下乃公卿辅相，吾岂敢昌言排之哉？”⑤泖湖：湖泊名。位于今上海市松江区境内，由上泖、中泖、下泖汇集而成，今有部分尚存，称泖河。⑥橐：口袋。小而有底曰橐，大而无底曰囊。⑦十金：十两银子。⑧主僧：佛寺的住持。⑨箧：竹箱。⑩纻褶：指衣物。纻，通“苎”，麻织物，精细者为缔，粗者为绤。褶，袷衣。⑪已：停止。⑫裸裎：露体。⑬伽蓝：一般指佛寺中各种建筑的总称，这里指佛寺中的护法神，其名号分别为：美音、梵音、天鼓、叹妙、叹美、摩妙、雷音、狮子、妙叹、梵响、人音、佛奴、颂德、广

目、妙眼、彻听、彻视、遍视等。⑭登第：犹登科。第，指科举考试录取列榜的甲乙次第。唐代郑谷《赠刘神童》诗："还家虽解喜，登第未知荣。"

［译文］

嘉兴的包凭，字信之。他的父亲是池阳太守，生有七个儿子，包凭年纪最小。包凭被平湖袁氏家族招为女婿，他与我的父亲交情深厚。虽然包凭博学多才，但是屡考不中。他对佛老之学很感兴趣。一天，他东游泖湖，偶然行至村中的一座寺院。他看到寺院屋舍破漏，观音佛像被雨打风吹，就立即拿出身上的十两银子交给庙里的住持，让他作修葺屋舍之用。住持告诉他说，修庙的工程太大，而银两太少，恐怕难以完工。于是包凭又拿出松江所产的布四匹，再从随身携带的行李中挑出七件衣服交给住持。其中一件麻制外衣是新置办的，仆人劝阻他，要他不要捐。包凭说："只要圣像安然无恙，即使我赤身露体又有什么关系呢？"住持听后感动得落泪说："施舍一些银两和衣物布匹并非难事，但是这一点诚心，怎么能轻易得到呢？"这座寺庙修好之后，包凭带着老父亲重游此庙，并住在寺中。晚上包凭梦见护法神来答谢说："你儿子应当享受世代荣华富贵。"后来他的儿子包汴和孙子包柽芳，都中第做了大官。

［评析］

在佛教中，对于修庙建塔等是否有功德，站在不同的角度有不同的认识。禅宗公案借梁武帝问菩提达摩来说明这一问题："帝问：朕即位以来，造寺、写经、度僧，不可胜记，有何功德？师曰：并无功德。"（《佛祖历代通载》）从禅宗的立场看，这些修行虽有功德，但是并非能导致解脱的真功德。只不过对于普通的信徒而言，修庙造塔仍是他们积累功德、获得下辈子幸福的重要手段。

嘉善[①]支立[②]之父，为刑房吏，有囚无辜陷重辟[③]，意哀之，欲求其生。囚语其妻曰："支公嘉意，愧无以报。明日延[④]之下乡，汝以身事之。彼或肯用意，则我可生也。”其妻泣而听命。及至，妻自出劝酒，具告以夫意。支不听，卒[5]为尽力平反之。囚出狱，夫妻登门叩谢曰：“公如此厚德，晚世[6]所稀。今无子，吾有弱女，送为箕帚妾[7]，此则礼之可通者。”支为备礼[8]而纳之，生立，弱冠中魁[9]，官至翰林孔目[10]。立生高，高生禄，皆贡[11]为学博[12]。禄生大纶，登第。

［注释］

①嘉善：今浙江省嘉兴市嘉善县。②支立：曾任浙江嘉善县令，字可兴，号十竹轩主人。③重辟：极刑，死罪。《陈书·孔奂传》：“沉炯为飞书所谤，将陷重辟，事连台阁，人怀忧惧。”④延：邀请。⑤卒：到底。⑥晚世：近世。汉刘向《说苑·建本》：“晚世之人，莫能闲居心里，鼓琴读书，追观上古。”⑦箕帚妾：持箕帚的奴婢，借作妻妾的谦称。⑧备礼：礼仪周备。⑨中魁：考试高中。⑩翰林孔目：官名。掌管翰林院文牍之类。⑪贡：被举荐。⑫学博：唐代府郡设置经学博士各一人，掌以五经教授学生。后泛称学官为学博。

［译文］

嘉善人支立的父亲，在刑房当差的时候，有个囚犯没有犯罪却被判了重刑。支立的父亲怜悯他，想要为这个囚犯平反，救他一命。那个囚犯对他妻子说：“支先生好意救我，但是我很惭愧没有什么可以报答他的。明天请他到咱们家中，你就用你的身体招待他吧。他若是能够想办法救我，那我就可以活命了。”他的妻子哭着答应了。等到支立的父亲去这个囚犯家中，囚犯的妻子亲自出来劝酒，并把她丈夫的意思都告诉了支立的父亲。支立的父亲拒绝了那个囚犯的妻子的建议，但还是为这个囚犯尽力平反。囚犯获救出狱后，他们夫妻二人就登门叩谢说：“恩公如此仁义厚德，这世上实在是太少了。你还没有儿子，而我们有一个女儿，就送给你做个担水扫地的小妾吧，这在情理上总可以说得通吧。”支立的父亲就用周到的礼仪迎娶了这个囚犯的女儿，后来就生下了支立。支立二十岁时考试高中，官至翰林院的文书。支立又生下了儿子支高，支高又生下儿子支禄，他们都成了学官。支禄又生下了儿子支大纶，也登科及第考取了功名。

[评析]

为官尽职，以理行事。人们常说，不放走一个坏人，也不冤枉一个好人。为官者能以此为信条，做到这些，而且不图回报，那么也就是在行善事，积功德。

凡此十条，所行不同，同归于善而已。若复精而言之，则善有真有假，有端[①]有曲，有阴有阳，有是有非，有偏有正，有半有满，有大有小，有难有易，皆当深辨。为善而不穷理[②]，则自谓行持[③]，岂知造孽，枉费苦心，无益也。

[注释]

①端：正，不歪斜。《说文》："端，直也。"②穷理：穷究事物之理。宋代朱熹《行宫便殿奏札二》："为学之道，莫先于穷理；穷理之要，必在于读书。"③行持：佛教语。指精勤修行，持守佛法戒律。《万善同归集》卷三："是以佛法贵在行持，不取一期口辩。"

[译文]

上述十则事迹，虽然所行不同，但是殊途同归，都是行善罢了。如果要进一步精要地讲，就是行善有真有假，有端有曲，有阴有阳，有是有非，有偏有正，有半有满，有大有小，有难有易，都应当深入地辨析。行善而不去穷究其中的道理，自认为是精勤修行，但事与愿违，哪里知道这是造孽，既枉费苦心，又没有益处。

[评析]

以上十则故事的主旨在行善而已。但要明辨其中的真假、端曲、阴阳、是非、偏正、半满、大小、难易关系，才能做到真正意义上的行善。

何谓真假？昔有儒生数辈，谒[①]中峰和尚[②]，问曰："佛氏论善恶报应，如影随形。今某人善而子孙不兴，某人恶而家门隆盛，佛说无稽[3]矣。”中峰云：“凡情[4]未涤，正眼[5]未开，认善为恶，指恶为善，往往有之。不憾[6]己之是非颠倒，而反怨天之报应有差乎。”众曰：“善恶何致相反?”中峰令试言其状。一人谓：“詈[7]人殴人是恶，敬人礼人是善。”中峰云：“未必然也。”一人谓：“贪财妄取是恶，廉洁[8]有守[9]是善。”中峰云：“未必然也。”众人历言其状，中峰皆谓不然。因请问。中峰告之曰：“有益于人是善；有益于己是恶。有益于人，则殴人詈人皆善也。有益于己，则敬人礼人皆恶也。是故人之行善，利人者公，公则为真；利己者私，私则为假。又根心[10]者真，袭迹[11]者假。又无为[12]而为者真，有为而为者假。皆当自考。”

［注释］

①谒：拜谒，拜访。②中峰和尚：元代天目山高僧。俗姓孙，名明本，号中峰，法号智觉，杭州钱塘人。从高峰原妙嗣法，自称幻住道人，世人誉之为江南古佛。卒岁六十一，腊三十五。元仁宗赐谥号佛日广慧普应国师。明代释无愠《山庵杂录》载：“中峰和尚，杭州人，既投师祝发受具，决志参究，不到古人堂奥不已。时高峰和尚负仰山雪岩左券，居天目师子岩，立死关，誓不接衲。一见师大喜，授以话头。师励精咨决，因诵《金刚经》，至荷担如来阿耨多罗三藐三菩提处，恍然彻悟。自是惠辩无碍，上至君王宰辅，下至三教俊英，莫不倾诚问道。所著书及语录若干卷，弟子则天如遍集。奏入大藏，追赠普应国师之号。师形模魁硕，稍俯首则气喘，常平目安坐，凡请求法语，以两头陀扛纸，信笔书之。”③无稽：无可考证，没有根据。稽，考。宋代吴曾《能改斋漫录·事始二》：“本朝士大夫相传，正月、五月、九月不上任。以火德王天下，正、五、九月皆火德生壮老之位。其从无稽也。”④凡情：凡人的情感欲望。南朝梁陶弘景《周氏冥通记》卷二：“刘夫人又告子良曰：‘夫神仙虽通玄，感彻则易，但凡情虚微，不能招其感耳。’”⑤正眼：即正法眼藏。禅宗用来指全体佛法（正法）。朗照宇宙谓眼，包含万有谓藏。相传释迦牟尼以正法眼藏付与大弟子迦叶，是为禅宗初祖，为佛教“以心传心”授法

的开始。《景德传灯录·希运禅师》："马大师下有八十八人坐道场，得马师正眼者，止三两人。"《景德传灯录·摩诃迦叶》："佛告诸大弟子，迦叶来时，可令宣扬正法眼藏。"⑥憾：怨恨。⑦詈：骂，责骂。《说文》："詈，骂也。"⑧廉洁：谓不贪财货，立身清白。《楚辞·招魂》："朕幼清以廉洁兮，身服义而未沬。"王逸注："不受曰廉，不污曰洁。"⑨守：操守。⑩根心：出自本心。《后汉书·宋弘传论》："夫器博者无近用，道长者其功远，盖志士仁人所为根心者也。"⑪袭迹：因循、沿袭他人的行为。《孔子家语·观周》："人主不务袭迹于其所以安存，而忽怠所以危亡，是犹未有以异于却走而欲求及前人也，岂不惑哉!"⑫无为：佛教语。指无因缘造作，无生住异灭四相之造作为"无为"。

［译文］

什么叫作真假呢？从前有几个读书人，去拜访天目山的中峰和尚。有人问："佛家说善恶报应，如影随形。可是如今有人行善而子孙却不兴旺，有人作恶却家门昌盛，看来佛说的因果报应是无稽之谈啊。"中峰和尚说："凡人俗情还没祛除，正眼未开，认善为恶，指恶为善，往往有之。不怨自己颠倒是非，却反而抱怨上天报应有误。"儒生们又问："行善和作恶怎么会颠倒呢？"中峰和尚让他们试着说说自己眼中的善和恶。一个人说："骂人打人是恶，尊敬人、以礼待人是善。"中峰和尚说："未必是这样。"另一个人说："贪财妄取是恶，廉洁有操守是善。"中峰和尚说："未必是这样。"大家都把自己心目中的善和恶讲了一遍，中峰和尚全都说：未必是这样。大家于是就请教中峰和尚为什么会这样说。中峰和尚告诉这些儒生说："有益于别人是善，有益于自己是恶。有益于别人，则打人骂人都是在行善。有益于自己，则敬人礼人都是在作恶。因此，人们行善利人的是公，公就是真；利己的是私，私就是假。而且从良心出发的是真；只是模仿他人的行为，敷衍了事，这样是假。再者，无所图谋地去行善是真，有所欲求地去行善就是假。这些你们应当自行考虑。"

［评析］

善有真假之分，也就是真善和伪善的区别。真善是有益于他人的、无所欲求的行事。而伪善恰恰相反，表面上行为和真善似乎没有区别，但都是出于利己和欲求之目的。这是从人的行为动机和目的角度考察人的行为的道德性，这种考察固然彻底，但是却不易实行。

何谓端曲？今人见谨愿之士[①]，类称为善而取[②]之。圣人则甯[③]取狂狷[④]。至于谨愿之士，虽一乡皆好，而必以为德之贼[⑤]。是世人之善恶分明与圣人相反。推此一端，种种取舍，无有不谬。天地鬼神之福善祸淫，皆与圣人同是非，而不与世俗同取舍。凡欲积善，决不可徇耳目[⑥]，惟从心源隐微处[⑦]默默洗涤。纯[⑧]是济世之心则为端，苟有一毫媚世之心即为曲。纯是爱人之心则为端，有一毫愤世之心即为曲。纯是敬人之心则为端，有一毫玩世[⑨]之心即为曲。皆当细辨。

［注释］

①谨愿之士：恭顺的人，就像现代人说的好好先生。谨愿，谨慎，诚实。②取：取法。③甯：通“宁”，宁愿。④狂狷：指志向高远的人与安分守己的人。狂，勇于进取，不拘小节。狷，坚于退守，不肯轻举。子曰：“不得中行而与之，必也狂狷乎！狂者进取，狷者有所不为也。”（《论语·子路》）孟子曰：“孔子不得中道而与之，必也狂狷乎！狂者进取，狷者有所不为也。孔子岂不欲中道哉？不可必得，故思其次也。”（《孟子·尽心下》）南宋朱熹《论语集注》：“行，道也。狂者，志极高而行不掩；狷者，知未及而守有余。盖圣人本欲得中道之人而教之，然既不可得……故不若得此狂狷之人，犹可因其志节而激厉裁抑之，以进于道。”⑤德之贼：子曰：“乡愿，德之贼也。”（《论语·阳货》）贼，伤害。孟子对此作了具体的解释：“言不顾行，行不顾言……阉然媚于世也者，是乡愿也。”“非之无举也，刺之无刺也。同乎流俗，合乎污也。居之似忠信，行之似廉洁。众皆悦之，自以为是，而不可与入尧舜之道，故曰：德之贼也。”（《孟子·尽心下》）⑥徇耳目：被声色役使。徇，

顺从，依从。⑦心源隐微处：无人能见的念头发动处。心源，犹心性。佛教视心为万法之源，故称。唐代元稹《度门寺》诗："心源虽了了，尘世苦憧憧。"⑧纯：完全。⑨玩世：以不严肃的态度对待现实生活。《汉书·东方朔传赞》："依隐玩世，诡时不逢。"颜师古注引如淳曰："依违朝隐，乐玩其身于一世也。"

［译文］

什么叫作直曲呢？现在的人，见到那些好好先生，就称这类人为善人，而且还向他们取法。而圣人则宁愿取法那些志向高远的人与安分守己的人。至于那些好好先生，虽然全乡的人都喜欢他们，但是圣人认为这种人是对道德的伤害。这说明世人对善恶的认识正好与圣人相反。从这一点出发推论，人世间的凡人对善恶的种种取舍，没有不错误的。天地鬼神的福善祸淫，全都应该是与圣人对是非的判断相一致的，而与世俗的取舍不同。所以，凡是打算积德的人决不可被声色役使，而跟着感觉走，只能在心中念头的发动处去默默洗涤。当心中完全是济世之心的时候则为端，如果有丝毫媚世之心即为曲。完全是爱人之心则为端，有丝毫愤世之心即为曲。完全是敬人之心则为端，有丝毫玩世之心即为曲。这都应仔细分辨。

［评析］

对于是非直曲，《论语·子路》有"夫攘羊而子证之"的故事：叶公语孔子曰："吾党有直躬者，其父攘羊，而子证之。"孔子曰："吾党之直者异于是：父为子隐，子为父隐。直在其中矣。"从一般道德标准去评价的话，如果父亲偷了羊，儿子去举报他，无疑是值得称赞的道德之举，用今天的话来说是"大义灭亲"。但在孔子看来，正直的道德品质不是体现在上述的行动中，而恰恰表现于"父为子隐，子为父隐"中。这恰恰说明了圣人的道德判断并不完全等同于世俗之人。同样的例子还出现在《论语》中，孔子直指"乡愿"为"德之贼也"。

何谓阴阳？凡为善而人知之则为阳善；为善而人不知则为阴德。阴德天报之，阳善享世名。名，亦福也。名者，造物所忌[①]。世之享盛名而实不副[②]者，多有奇祸[③]。人之无过咎[④]而横被恶名者，子孙往往骤发，阴阳之际微矣哉！

［注释］

①忌：憎恨。②副：相配。③奇祸：使人不测的、出人意料的灾祸。④过咎：过失，错误。《北史·韦世康传》：“闻人之善，若己有之，亦不显人过咎，以求名誉。”

［译文］

什么叫作阴阳呢？凡是做好事而被别人知道了就是阳善，做好事而别人不知道就是阴德。积阴德的人上天会报答他，行阳善的人就会享有人世间的名誉。这世间的名誉也是福报。名誉，是上天所憎恨的。但是那些享有名誉而不去行善的、名不副实的人多遭受出人意料的灾祸。而那些虽然没有过错却横被恶名的人，他们的子孙往往骤然发达，所以阴阳之间是很微妙的啊！

［评析］

阴和阳是中国哲学中的一对重要范畴，《易经》中有“一阴一阳之谓道”的说法，并以阴阳作为宇宙间相互对立的两个重要方面。阳一般代表天、男性的、积极的、刚强的方面，阴则代表地、女性的、保守的、柔弱的方面。所谓阳善就是指公开为大家所知的善事，阴善就是不为人知的善事。

何谓是非？鲁国之法，鲁人有赎人[①]臣妾于诸侯[②]，皆受金于府[③]。子贡[④]赎人而不受金，孔子闻而恶[⑤]之，曰：“赐失[⑥]之矣。夫圣人举事[⑦]，可以移风易俗，而教道[⑧]可施于百姓，非独适己[⑨]之行也。今鲁国富者寡而贫者众，受金则为不廉，何以相赎乎？自今以后，不复赎人于诸侯矣。”子路[⑩]拯人于溺，其人谢之以牛，子路受之。孔子喜曰：“自今鲁国多拯人于溺矣。”

自俗眼观之，子贡不受金为优，子路之受牛为劣[11]，孔子则取[12]由而黜[13]赐焉。乃知人之为善，不论现行而论流弊[14]，不论一时而论久远，不论一身而论天下。现行虽善，其流足以害人，则似善而实非也。现行虽不善，而其流足以济人，则非善而实是也。然此就一节论之耳。他如非义之义，非礼之礼，非信之信，非慈之慈，皆当决择[15]。

［注释］

①赎人：古代犯罪而没入官家做奴的人，法律规定他们若要重获自由需要纳金赎罪。②臣妾于诸侯：在其他诸侯那里做奴仆。臣，家臣、奴仆。妾，侍妾、婢女。臣妾，使之为奴；统治，管辖。《商君书·错法》："同列而相臣妾者，贫富之谓也。"③府：古代管理财货或文书的官吏。④子贡：姓端木，名赐，字子贡。孔子弟子中七十二贤之一，孔子曾称其为"瑚琏之器"。子贡不仅长于理财，还担任过鲁、卫两国之相。⑤恶：责备。⑥失：做错事。⑦举事：行事，办事。《管子·形势》："伐矜好专，举事之祸也。"⑧教道：同"教导"。⑨适己：使自己内心愉快。⑩子路：仲氏，名由，字子路，又字季路。春秋时鲁国卞（今山东平邑县仲村）人。孔子弟子中七十二贤之一，曾追随孔子周游列国。子路性情直爽，为人勇武。孔子曾经称赞子路说："子路好勇，闻过则喜。"子路长于政治，曾为季孙氏家臣，后任卫国大夫孔悝之蒲邑宰，在贵族内讧中被杀害。唐开元二十七年（739）追封为"卫侯"。宋大中祥符二年（1009）加封"河内公"。南宋咸淳三年（1267）封为"卫公"。明嘉靖九年（1530）改称"先贤仲子"。⑪劣：可鄙薄。⑫取：选择。⑬黜：贬低。《说文》："黜，贬下也。"⑭流弊：相沿而成的弊病。《三国志·魏志·杜恕传》："今之学者，师商韩而上法术，竞以儒家为迂阔，不周世用，此最风俗之流弊，创业者之所致慎也。"⑮决择：亦作"抉择"，选择之义。决，通"抉"，选取。《荀子·臣道》："恭敬而逊，听从而敏，不敢有以私决择也。"杨倞注："不敢更私自决断选择也。"

［译文］

什么叫作是非呢？春秋时，鲁国的法律规定，凡是出钱把在其他诸侯国家做奴仆的鲁国人赎回来的人，都可以获得政府的赏金。子贡赎了人，却没有接受赏金，孔子知道后就责备他说：“子贡，这件事你做错了。圣人做事情是要移风易俗的，而且圣人的教化是要施行于百姓，而不是为了自己舒服才去做的。如今鲁国富人少而穷人多，如果接受政府的赏金是不廉明的话，那么以后拿什么去赎人？从今以后就不会再有人愿意到其他诸侯那里去赎人了。”又有一次，子路救了一个溺水者。那个人用一头牛来答谢子路的救命之恩，子路就接受了。孔子高兴地说：“从今以后鲁国见义勇为的人会多起来了。”从世俗的眼光来看，子贡不接受政府的赏金是高尚的，子路接受别人报答的牛是不值得提倡的。但是孔子表扬子路而斥责子贡。于是我们知道，人去行善，不要去计较目前的行为，而是要看是否会流毒后世；不要去计较一时的善行，而是要看能否将善行推向久远；不要去计较自身的感受，而是要看能否推动天下百姓都去行善。即使目前所行虽善，但其所引导的潮流足以害人，则其所行看似善行而实际上不是善行。即使目前所行非善，但是其所引导的潮流完全可以帮助更多的人，则其所行非善也只是表面现象，而实际上却是善行。这只是就其中一个方面展开的论证而已，其他方面，例如，非义之义，非礼之礼，非信之信，非慈之慈，都应当去仔细地选择。

［评析］

了凡先生对于是非的辨析，在今天也有参考价值。一件看似道德的行为可能会导致不道德的结果，如子贡赎人而不要赎金。而看似有点功利的事情却可以推动善行的推广，如子路救人而收了人家的牛。对比当今，报纸上报道了很多未成年人舍己救人的事迹，这些孩子本身的行为固然值得敬佩，但是我们更要反思，如果我们鼓励这种行为，会造成什么样的后果。未成年人本身就是需要受到保护的，在其心智未成熟的情况下去冒险施救，对于被救者可能无济于事，如果对自身造成了伤害，乃至失去了性命就得不偿失了。

何谓偏正？昔吕文懿公[①]初辞相位，归故里，海内仰之如泰山北斗[②]。有一乡人醉而詈之，吕公不动，谓其仆曰："醉者勿与较也。"闭门谢[③]之。逾年[④]，其人犯死刑入狱。吕公始悔之曰："使当时稍与计较，送公家[⑤]责治，可以小惩而大戒。吾当时只欲存心于厚，不谓[⑥]养成其恶，以至于此。"此以善心而行恶事者也。又有以恶心而行善事者。如某家大富，值岁荒，穷民白昼抢粟于市。告之县，县不理。穷民愈肆。遂私执[⑦]而困辱[⑧]之，众始定。不然，几[⑨]乱矣。故善者为正，恶者为偏，人皆知之。其以善心而行恶事者，正中偏也；以恶心而行善事者，偏中正也。不可不知也。

［注释］

①吕文懿公：名原，字逢原，秀水人。幼家益贫。正统七年（1442），进士及第，授编修。后晋升为翰林院学士，赠礼部左侍郎，谥号文懿。吕原内刚外和，与物无竞。性俭约，身无纨绮。见《明史·列传第六十四》。②泰山北斗：泰山极高，北斗最亮。比喻德高望重或有卓越成就而为人们所尊重敬仰的人。《新唐书·韩愈传赞》："自愈没，其言大行，学者仰之如泰山、北斗云。"③谢：辞去，辞别。④逾年：过了一年。⑤公家：指朝廷、国家或官府。《汉书·食货志下》："（商贾）财或累万金，而不佐公家之急，黎民重困。"⑥不谓：不料。汉代蔡琰《胡笳十八拍》："不谓残生兮却得旋归，抚抱胡儿兮泣下沾衣。"⑦执：捕捉。⑧困辱：困窘和侮辱。《战国策·秦策三》："大夫种事越王，主离困辱，悉忠而不解。"⑨几：近。

［译文］

什么叫作偏正呢？当年吕文懿公刚刚辞去宰相之职返回故里之时，国内的百姓依然敬仰他如泰山北斗一般。有一次，一个喝醉了的同乡骂了他，吕公却没有采取行动，而是对他的仆人说："别和醉汉计较了。"于是关上了大门，就没有与醉汉争辩。过了一年，那个人犯死罪入狱。吕公才悔悟道："假使我当时稍稍与他计较，再把他送官治罪，就可以通过小的惩罚使他大戒。我当时只顾心存仁厚，而没有料到我这样做会助长他的恶行，最后才会到这个地步。”这就是用善心来做恶事的例子。还有用恶心来行善事的例子。例如，有一个大富之家，正赶上饥荒年，穷人们光天化日就敢在集市抢他家的米。这家上告知县，知县却不受理。穷人们就更加放肆了。于是这家就私自抓了抢米的人，把他们关起来加以羞辱，这样穷人们才开始稳定。否则，几乎就要大乱了。所以说，善者为正，恶者为偏，这众所周知。用善心去行恶事，这叫正中之偏；用恶心而行善事，这叫偏中之正。不可不知。

［评析］

人们有的时候常说：“好心办坏事。”所以，在行善事的时候所要关注的不仅是自己行善的初衷和动机，同时还要仔细考量一下自己做事会出现什么样的结果。

何谓半、满？《易》曰：“善不积，不足以成名。恶不积，不足以灭身。”[1]《书》曰：“商罪贯盈。”[2]如贮物于器，勤而积之则满，懈而不积则不满，此一说也。

［注释］

①“善不积”四句：语出自《周易·系辞上》。②商罪贯盈：语出自《尚书·周书·泰誓上》：“商罪贯盈，天命诛之。”贯盈，罪恶满盈。

［译文］

什么叫作半、满呢？《易经》上说：“善不积，不足以成名。恶不积，不足以灭身。”《尚书》上说：“商纣王恶贯满盈。”这就像把东西储存进容器一样，勤奋地去积累则满，懈怠而不积则不满，这是一种说法。

［评析］

“不积跬步，无以至千里；不积小流，无以成江海。”（《荀子·劝学》）

一切都在于量的积累。所以，要未雨绸缪，防微杜渐。

昔有某氏女入寺，欲施而无财，止①有钱二文，捐而与之。主席者②亲为忏悔③。及后入宫富贵，携数千金入寺舍之，主僧惟令其徒回向而已。因问曰："吾前施钱二文，师亲为忏悔，今施数千金，而师不回向，何也?"曰："前者物虽薄，而施心甚真，非老僧亲忏，不足报德。今物虽厚，而施心不若前日之切，令人代忏足矣。"此千金为半，而二文为满也。

[注释]

①止：仅。②主席者：寺庙的住持。③忏悔：对自己的过错或罪恶进行反省并决心改正，谓之忏悔，这是一个梵汉并举的词。忏，是梵语 Kṣama（忏摩）的省音，意为悔过。忏悔原为僧团每半个月举行一次的诵戒仪式。在仪式上，让犯戒者披露自己的过失。南朝梁萧子良《净住子·涤除三业门》说："忏悔之法，当先洁其心、静其虑、端其形、整其貌、恭其身、肃其容，内怀惭愧，鄙耻外发。"指出忏悔时必须至诚恳切。忏悔有一定的程式，往往都要念长短不等的"忏悔文"。中国的忏法始于梁武帝的"慈悲道场忏法"，后又有"观音忏""法华忏""金光明忏"等。有注重程式的"事忏"，也有注重谛观的"理忏"。忏悔可以拔除罪苦。如《心地观经》卷一谓经："发露忏悔，罪即消除。"《法苑珠林》卷一〇二："积罪尤多，今既觉悟，尽诚忏悔。"

[译文]

从前有一家的女儿来到佛寺，想要布施，身上却无钱，于是将仅有的两文钱捐给了寺庙。庙里的住持亲自为她向佛忏悔回向。等到后来这个女子进了皇宫，享受富贵之后，又带千两银子到这座寺院布施。住持却只叫他的徒弟为她回向而已。于是这个女子问道："我从前来这里只施舍了两文钱，师傅就亲自为我忏悔。现在我拿数千两银子前来施舍，师傅却不为我回向，这是为什么呢?"住持回答说："先前你捐的两文钱虽少，但布施的心非常真诚，所以只有我亲自为你忏悔，才能报答你布施的功德。现在你布施的钱虽多，但心不如以前真切，所以叫别人代我为你忏悔就足够了。”这就是千金的布施为半，而两文钱的布施为满。

［评析］

半、满之间在于一颗诚心而已。

钟离[①]授丹于吕祖[②]，点铁为金，可以济世。吕问曰："终变否?”曰："五百年后，当复本质[③]。”吕曰："如此，则害五百年后人矣，吾不愿为也。”曰："修仙要积三千功行[④]，汝此一言，三千功行已满矣。”此又一说也。

［注释］

①钟离：传说中的八仙之一。复姓钟离，名权，字云房。全真道尊其为“正阳祖师”，列为“北五祖”之一。②吕祖：传说中的人物，八仙之一。相传为唐京兆人，一说关西人，名岩，号纯阳子。咸通中及第，两调县令。后移家终南山修道，不知所终。一说，屡举进士不第，游江湖间，遇钟离权授以丹诀而成仙。宋以来关于他的神奇事迹的记载很多。元明小说、戏曲中，亦常以他的故事为题材。元代封为纯阳演政警化尊佑帝君，通称吕祖。见宋吴曾《能改斋漫录·神仙鬼怪》引《雅言系述》、《宋史·陈抟传》。③本质：本来的状貌。④功行：僧道等修行的功夫。

［译文］

钟离权把炼丹术传授给吕祖，学成后就能点铁成金，这样可以行善济世。吕祖问："点铁成金后变的黄金是否还会变回原样?”钟离权说："五百年后，就会变回原样。”吕祖说："如此，那就害了五百年后的人了，我不愿做这样的事。”钟离权说："修仙要积三千功德，就你这一句话，三千功德就已圆满了。”这是又一种说法。

［评析］

善行需要积累，但又不单纯是数量上的积累，更重要的是内心的转变。通过善行，形成善心。有了善心，善行之数量就是次要的了。

又为善而心不著[1]善，则随所成就，皆得圆满。心著于善，虽终身勤励[2]，止于半善而已。譬如以财济人，内不见己，外不见人，中不见所施之物，是谓三轮体空，是谓一心清净，则斗粟可以种无涯[3]之福，一文可以消千劫[4]之罪。倘此心未忘，虽黄金万镒[5]，福不满也。此又一说也。

［注释］

①不著：不执著，无挂碍。南朝陈徐陵《东阳双林寺傅大士碑》："上善以虚怀为本，不著为宗。"②勤励：亦作"勤厉"，勤劳奋勉。《荀子·富国》："诛而不赏，则勤厉之民不劝。"厉，一本作"属"。王先谦集解引王念孙曰："作厉者是也。厉，勉也。《群书治要》作勤励，励即厉之俗书。"③无涯：亦作"无崖"，无穷尽，无边际。《后汉书·蔡邕传》："隆贵翕习，积富无崖。"④千劫：佛教语。指久远的时间与无数的生灭成坏。⑤镒：古代重量单位，合二十两，一说二十四两。

［译文］

一个人行善而心不执著于善，则所做的善行成就，皆能得到圆满。若心执著于善，虽然终身勤勉地行善，也只不过是在半善面前止步不前罢了。譬如，以财济人，于内不见于自己，于外不见于旁人，于中不见所施之物，这叫三轮体空，又叫作一心清净。这样去布施，即使斗粟也可以种得无尽的福报，即使一文钱也可消去千劫的罪恶。倘若没有忘记执著于善的心，那么即使黄金万两，福报也不可能圆满。这是又一说。

［评析］

三轮体空是佛教对待布施的态度，又称一心清净。三轮指布施者（施）、接受者（受）和所施之物（施物）。佛教认为在布施时，布施者首先要做到无我，没有求福报之心；对接受者不起傲慢之心；对物所施之物不起分别之心。也就是"内不见己，外不见人，中不见所施之物"，这就是三轮体空。

何谓大小？昔卫仲达[①]为馆职[②]，被摄[③]至冥司[④]，主者[⑤]命吏呈善恶二录。比至[⑥]，则恶录盈庭，其善录一轴，仅如箸[⑦]而已。索秤称之，则盈庭者反轻，而如箸者反重。仲达曰："某年未四十，安得过恶如是多乎？"曰："一念不正即是，不待犯也。"因问："轴中所书何事？"曰："朝廷尝兴大工，修三山石桥，君上疏谏[⑧]之，此疏稿[⑨]也。"仲达曰："某虽言，朝廷不从，于事无补，而能有如是之力？"曰："朝廷虽不从，君之一念，已在万民。向使[⑩]听从，善力更大矣。"故志在天下国家，则善虽少而大。苟在一身，虽多亦小。

［注释］

①卫仲达：据宋代张镃《仕学规范》卷三十一载：卫仲达，字达可，秀州华亭人，官至吏部尚书。②馆职：任职于馆阁之中。指在史馆、昭文馆等机构任职。③摄：拘捕。④冥司：阴间。⑤主者：冥官。⑥比至：及至，到。《礼记·杂记下》："诸侯出夫人，夫人比至于其国，以夫人之礼行。"⑦箸：筷子。⑧谏：规劝君主或尊长，使改正错误。⑨疏稿：奏疏的草稿。⑩向使：假使。《史记·李斯列传》："向使四君却客而不内，疏士而不用，是使国无富利之实而秦无强大之名也。"

［译文］

什么叫大小呢？从前卫仲达任职于馆阁之中时，被抓到阴间，冥官命手下将他的善恶记录簿呈上来。等到他的善恶记录被拿过来的时候，发现恶录簿竟然摊满了一个院子，而善录簿却只有像筷子粗细的一轴。拿来秤一称，满院的恶录簿却比筷子般粗细的善录簿要轻。卫仲达就问："我还不到四十岁，怎么会犯了这么多的过失呢？"冥官说："一念不正就是恶，不一定做了才算。"卫仲达于是问："善轴中记录的是什么事？"冥官说："朝廷曾经大兴土木，修三山的石桥。你上书劝谏皇上不要修，这个轴中就是你奏疏的底稿。"卫仲达说："我虽然上言，但朝廷并没有采纳，于事无补，这份奏章的分量为什么如此之大呢?”冥官说:“朝廷虽然没有采纳,但你的这个念头,是为千万百姓着想。假如被朝廷采纳的话,那善力就会更大了。”所以志在天下国家,即使善行虽少而功德大。若志在自己,善及一人,即使善行虽多而功德却小。

[评析]

善大小不在于善事的多少,其真正的标准在于,施善的对象是不是多数人。也就是所施之善的承受者,是不是多数的生命主体,是否能将善事惠及普罗大众。

何谓难易?先儒谓克己[1]须从难克处克将去。夫子论为仁[2],亦曰先难。必如江西舒翁,舍二年仅得之束脩[3]代偿官银,而全人夫妇;与邯郸张翁,舍十年所积之钱代完赎银[4],而活人妻子。皆所谓难舍处能舍也。如镇江靳翁,虽年老无子,不忍以幼女为妾,而还之邻,此难忍处能忍也,故天降之福亦厚。凡有财有势者,其立德皆易,易而不为,是为自暴。贫贱作福皆难,难而能为,斯可贵耳。

[注释]

①克己:克制私欲,严于律己。唐代韩愈《贺太阳不亏状》:“陛下敬畏天命,克己修身,诚发于中,灾销于上。”克,战胜。己,指个人的私欲。②仁:指本心中的完整无缺的德行。③束脩:薪俸,工资。④赎银:用以赎罪的银钱。

[译文]

什么叫作难易呢?先儒曾经说过,克制和约束自己需要先从难克制的地方去做。孔夫子论为仁,也说要先难后易。一定要像江西的舒翁那样,舍去自己两年仅得的工资去替别人偿还官银,而保全了别人的家庭;又像邯郸的张翁那样,施舍自己十年积蓄替别人还赎罪的钱,而救活了人家的老婆孩子。这些都叫作难舍处能舍。再如，镇江靳翁，虽然年老无子，但不忍心娶幼女为妾，而将其送还，这就是难忍处能忍，所以上天降给他的福报也很厚。凡是那些有财有势的人，他们做善事都是很容易的，但容易而不去做，那就是自暴自弃。贫贱的人作福行善都是很难的，虽然难而能去做，这就是可贵的了。

[评析]

在《论语》一书中，“仁”字出现达109次之多。孔子把“仁”作为人道观念的核心，形成了以“仁”为中心的伦理思想结构，包括孝、弟（悌）、忠、恕、礼、知（智）、勇、恭、宽、信、敏、惠等内容。孔子十分重视为仁，他说：“克己复礼为仁，一日克己复礼，天下归仁焉。为仁由己，而由人乎哉?”认为实现仁的关键在于自己，克制自己的私欲，符合于礼之规定，内外相合，天下就都归于仁了。本节所举事例大多涉及克己之功夫，和孔子所倡的克己复礼是一致的。

随缘[①]济众[②]，其类至繁，约言其纲，大约有十：第一与人为善[③]，第二爱敬存心[④]，第三成人之美[⑤]，第四劝人为善，第五救人危急，第六兴建大利，第七舍财作福，第八护持正法，第九敬重尊长，第十爱惜物命。

[注释]

①随缘：缘指身心对外界事物的感触，随缘指应众生之缘而自体动作，如水应风之缘而起波。南朝宋宗炳《明佛论》：“然群生之神，其极虽齐，而随缘迁流，成粗妙之识，而与本不灭矣。”后以“随缘”表示随其机缘，不加勉强。《北齐书·陆法和传》：“文宣赐法和奴婢二百人，法和尽免之。曰：各随缘去。”又表示听任环境安排，如言“随缘度日”。②济众：救助众人。《论语·雍也》：“如有博施于民而能济众，何如？可谓仁乎?”③与人为善：原指跟人一同做好事。现在泛指善意地给予别人帮助。《孟子·公孙丑上》：“取诸人以为善，是与人为善者也。”焦循正义：“是取人为善，即是与人同为此善也。”④存心：犹居心。指心里怀有的意念。《孟子·离娄下》：“君子所以异

于人者，以其存心也。”赵岐注：“存，在也。君子之在心者，仁与礼也。”⑤成人之美：成全他人为善的美名。《论语·颜渊》：“君子成人之美，不成人之恶。”朱熹注曰：“成者，诱掖奖劝以成其事也。”刘宝楠正义：“君子不说人之过，成人之美，朝有过，夕改则与之，夕有过，朝改则与之。”

［译文］

随缘济众的门类很多，大体概括一下其中的纲目，大约有十条：第一与人为善，第二爱敬存心，第三成人之美，第四劝人为善，第五救人危急，第六兴建大利，第七舍财作福，第八护持正法，第九敬重尊长，第十爱惜物命。

［评析］

以下具体展开随缘济众的十条纲目。

何谓与人为善？昔舜在雷泽[①]，见渔者皆取深潭厚泽，而老弱则渔于急流浅滩之中，恻然[②]哀之。往而渔焉，见争者，皆匿其过而不谈；见有让者，则揄扬[③]而取法之。期年[④]，皆以深潭厚泽相让矣。夫以舜之明哲[⑤]，岂不能出一言教众人哉？乃不以言教而以身转之，此良工苦心[⑥]也。吾辈处末世[⑦]，勿以己之长而盖人，勿以己之善而形人，勿以己之多能[⑧]而困人。收敛才智，若无若虚。见人过失，且涵容[⑨]而掩覆之，一则令其可改，一则令其有所顾忌而不敢纵[⑩]。见人有微长可取，小善可录[⑪]，翻然[⑫]舍己而从之，且为艳称[⑬]而广述之。凡日用间，发一言，行一事，全不为自己起念，全是为物立则，此大人[⑭]天下为公[⑮]之度也。

［注释］

①雷泽：古泽名，本名雷夏泽。在河南省范县东南，与山东省菏泽市交界。传说舜帝曾在此捕鱼。②恻然：悲痛的样子。③揄扬：称许，赞扬。④期年：一周年。⑤明哲：明智，洞察事理。《尚书·说命上》：“知之曰明哲，明

哲实作则。”孔传：“知事则为明智，明智则能制作法则。”⑥良工苦心：又作良工心苦。指技艺高明的人费尽心血地构思经营。唐代杜甫《题李尊师松树障子歌》：“已知仙客意相亲，更觉良工心独苦。”⑦末世：后代。⑧多能：具有多方面的才能。⑨涵容：包涵，宽容。⑩纵：放肆。⑪录：记录。⑫翻然：形容改变得很快。汉代陈琳《檄吴将校部曲文》：“若能翻然大举，建立元勋，以应显禄，福之上也。”⑬艳称：羡慕并赞美。⑭大人：德行高尚、志趣高远的人。⑮天下为公：原意是天下是公众的，天子之位，传贤而不传子，后成为一种美好社会的政治理想。

［译文］

什么叫作与人为善呢？以前舜在雷泽捕鱼的时候，看到鱼藏丰富的深潭厚泽都被那些强壮的捕鱼者给占据了，而老弱的渔人，只能在急流浅滩这些鱼少的地方捕鱼。舜看到这种情况之后，感到非常难受。他就亲自下水捕鱼，看到那些争抢好位置的人，就故意避而不谈他们的错误；看见那些礼让老弱的人，就称赞他们让大家去效法。过了一年，大家遇到那些鱼多的深潭厚泽都能礼让老弱。以舜的聪明才智，为何不说一句教训大家的话呢？他不用言教，而以身教，这是舜的良苦用心。我们都是这些圣人的后代，要取法往圣的做法，不要以己之长去压制别人，不要用自己的优点去和别人比，不要用自己具有的多方面的才能去为难别人。收敛才智，若无若虚。见到别人的过失，要宽容而不要去声张，这样一则给对方留有余地，给他改过的机会；一则使其有所顾忌不敢放肆。见到别人有一丁点儿的长处、微小的善行可资借鉴，就要毅然舍弃自己的架子，去学习他的长处，并且要称赞他，替他广为传扬。在日常生活中，说一句话，办一件事，全不为自己着想，全是为万物树立榜样，这就是圣人天下为公的气度。

［评析］

人们常说“见贤思齐”，榜样的力量是无穷的。将自身之善于其他人身上显现，即为对善的推展，其方法即是与人为善。

何谓爱敬存心？君子与小人，就形迹[①]观，常易相混，惟一点存心处，则善恶悬绝[②]，判然如黑白之相反。故曰：“君子所以异于人者，以其存心也。”[③]君子所存之心，只是爱人敬人之心。盖人有亲疏贵贱，有智愚贤不肖[④]，万品不齐，皆吾同胞，皆吾一体，孰非当敬爱者？爱敬众人，即是爱敬圣贤。能通众人之志，即是通圣贤之志。何者？圣贤志本欲斯世斯人各得其所，吾合[⑤]爱合敬而安一世之人，即是为[⑥]圣贤而安之也。

［注释］

①形迹：人的举动和神色。②悬绝：相差极远。唐代刘禹锡《上中书李相公启》：“高卑邈殊，礼数悬绝。”③“君子”两句：出自《孟子·离娄下》。④不肖：品行不好，没有出息。《礼记·射义》：“发而不失正鹄者，其唯贤者乎？若夫不肖之人，则彼将安能以中？”孔颖达疏：“不肖，谓小人也。”⑤合：普遍。⑥为：代。

［译文］

什么叫作爱敬存心呢？君子与小人，从举动和神色上看，常易混淆，很难分辨。但只有一点容易辨别，那就是在存心处，在那里善恶相差悬殊，就像分辨黑白不同的两种颜色一样容易。所以孟子说：“君子与常人不同之处，就在于他们存心。”君子所存之心，只是爱人敬人之心。人有亲疏、贵贱、智愚、贤和不肖的差别，万品不齐，但都是我们的同胞，都和我们一样有生命，有谁不应该被敬爱呢？爱敬众人，即是爱敬圣贤。能通众人之志，即是通圣贤之志。这是为什么呢？因为圣贤之志，本来就是希望这个世界和百姓都能各得其所。我们都应该爱敬而使世人安居乐业，这就是替圣人行安世之道。

［评析］

孟子曰：“君子所以异于人者，以其存心也。君子以仁存心，以礼存心。

仁者爱人，有礼者敬人。爱人者，人恒爱之；敬人者，人恒敬之。有人于此，其待我以横逆，则君子必自反也：我必不仁也，必无礼也，此物奚宜至哉？其自反而仁矣，自反而有礼矣，其横逆由是也，君子必自反也：我必不忠。自反而忠矣，其横逆由是也。君子曰：'此亦妄人也已矣。如此，则与禽兽奚择哉？于禽兽又何难焉？'是故君子有终身之忧，无一朝之患也。乃若所忧则有之：舜，人也；我，亦人也。舜为法于天下，可传于后世，我由未免为乡人也，是则可忧也。忧之如何？如舜而已矣。若夫君子所患则亡矣。非仁无为也，非礼无行也。如有一朝之患，则君子不患矣。"孟子认为君子与一般人的不同之处在于心存仁、礼。由内心中的仁出发，则珍爱他人，这些人也会受到其他人的敬爱。由内心之礼出发，则会自觉尊敬别人，这些人也会受到别人的尊敬。对于那些待我蛮横无理的人，君子一定会反躬自问，将责任归于自我的不仁、无礼。若自己是仁礼兼备的，那么蛮横之人之所以蛮横的原因则在于君子自己的不忠。若自问自己是忠的，而蛮横者依旧蛮横，那么蛮横者也只能被归为禽兽之类。君子终身为道德而忧，却没有一朝一夕的祸患。我们与舜同为人，君子的忧虑在于见贤思齐，像舜那样做罢了。不合于仁的事不做，不合于礼的事不做。即使有一朝一夕的祸患来到，君子也不会感到忧患了。

同时，正如张载所说："民吾同胞，物吾与也。"所有人类都是我的同胞，宇宙万物都是我的同类，敬爱我的同胞也就是其中应有之义。

何谓成人之美？玉之在石，抵掷①则瓦砾②，追琢③则圭璋④。故凡见人行一善事，或其人志可取而资可进，皆须诱⑤掖⑥而成就之。或为之奖⑦借⑧，或为之维持，或为白其诬⑨而分其谤，务使成立而后已。大抵⑩人各恶⑪其非类⑫，乡人之善者少，不善者多。善人在俗，亦难自立。且豪杰⑬铮铮⑭，不甚修形迹，多易指摘⑮，故善事常易败，而善人常得谤。惟仁人长者匡⑯直而辅翼⑰之，其功德最宏。

[注释]

①抵掷：用来投掷御敌。②瓦砾：碎瓦，石子。③追琢：雕琢，雕刻。

追，通“雕”。《诗·大雅·棫朴》：“追琢其章，金玉其相。”毛传：“追，雕也。金曰雕，玉曰琢。”④圭璋：两种贵重的玉制礼器。《礼记·礼器》：“圭璋特。”孔颖达疏：“‘圭璋特’者，‘圭璋’，玉中之贵也；‘特’谓不用他物媲之也。诸侯朝王以圭，朝后执璋，表德特达不加物也。”⑤诱：善导。⑥掖：提扶。⑦奖：褒美，劝勉。⑧借：宽待。⑨诬：污蔑，冤枉。⑩大抵：大概。⑪恶：讨厌。⑫非类：宗旨性习，个别不同或者完全相反。⑬豪杰：指才能出众的人。⑭铮铮：金属撞击声，比喻坚贞、刚强。《后汉书·刘盆子传》：“卿所谓铁中铮铮，佣中佼佼者也。”⑮指摘：挑出错误，加以批评。《三国志·蜀志·孟光传》：“延熙九年秋，大赦。光于众中责大将军费祎……光之指摘痛痒，多如是类。”⑯匡：正。《孟子·滕文公上》：“劳之来之，匡之直之，辅之翼之。”⑰翼：帮助，辅佐。

［译文］

什么叫作成人之美呢？举例来说，埋没在石头中的美玉，要是被当作投掷御敌的工具，那就和石头没什么两样了；如果被精雕细琢，那就成了贵重的圭璋了。所以凡是见人行一善事，或这个人的志向有可取之处，而且其资质可以进一步提高，那么就要引导扶持而使其成才。要么表扬奖励他，要么保护扶持他，要么为他申冤使其免遭诽谤，务必要在他能立足于社会之后才算完成。大概人们都讨厌异类，同乡中善者少，不善者多。善人在尘俗之中，也很难立足。况且豪杰铮铮铁骨，不修边幅，很容易招惹他人的非议，所以他们行善事经常容易失败，这些人也经常受人诽谤。只有靠仁人长者的纠正和辅佐，这些豪杰的功德才能最大。

［评析］

孔子认为：“君子成人之美，不成人之恶。小人反是。”（《论语·颜渊》）君子就是要像琢磨美玉一样去成就一些善人和豪杰的功业。

何谓劝人为善？生为人类，孰无良心[①]？世路役役[②]，最易没溺[③]。凡与人相处，当方便提撕[④]，开其迷惑。譬犹长夜大梦而令之一觉，譬犹久陷烦恼而拔之清凉[⑤]，为惠最溥[⑥]。韩愈[⑦]云：“一时劝人以口，百世劝人以书。”较之与人为善，虽有形迹[⑧]，然对证发药，时有奇效，不可废也。失言失人[⑨]，当反[⑩]吾智。

[注释]

①良心：天生的善良心性。《孟子·告子上》：“虽存乎人者，岂无仁义之心哉？其所以放其良心者，亦犹斧斤之于木也。”朱熹集注：“良心者，本然之善心，即所谓仁义之心也。”②役役：劳苦不息的样子。《庄子·齐物论》：“终身役役，而不见其成功。”③没溺：容易使人失足。④方便提撕：以灵活的方式提醒和教导，使之警惕。方便，佛教语，梵语 paya 的意译，指以灵活方式因人施教，使悟佛法真义。⑤清凉：清静，不烦扰。《百喻经·煮黑石蜜浆喻》：“而望清凉寂静之道，终无是处。”⑥溥：周遍而广大。⑦韩愈：唐代著名儒者，河阳（今河南孟州）人。贞元年间进士，曾任监察御史、国子博士、刑部侍郎等职。韩愈是儒家的传统思想的忠实维护者，他特别强调尧舜至孔孟一脉相传的道统。⑧形迹：礼法，规矩。⑨失言失人：《论语·卫灵公》：“子曰：‘可与言而不与言，失人；不可与言而与之言，失言。知者不失人，亦不失言。’”⑩反：通“返”，自返，自责。

[译文]

什么叫作劝人为善呢？一个人，他生下来就是人，谁没有良心？世俗的道路是无止的追求，最容易使人沉溺其中，失足堕落而丧失本心。凡与人相处，应当多方指示，使之警惕，开解他的迷惑。譬如，一个人在漫漫长夜中长梦不醒，而你却让他为之一振，清醒过来。再如，一个人久陷烦恼而你使之头脑清凉，这样做的好处是最多的。韩愈说：“一时劝人以口，百世劝人以书。”这和与人为善的方法相比，虽然是外露形迹的行为，然而对症下药，不时地就会出现奇效，不可废弃。否则就会失言失人，这就要反省自责一下自己的智慧了。

[评析]

孟子认为人性为善，在于与生俱来的善端即四心，而人之所以作恶在于外物对本心的遮蔽。了凡先生认为做善事的一种方式就是通过语言劝诱那些自己本心受到迷惑的众生，使他们警醒，重新发现自己的善良本心。

何谓救人危急？患难[1]颠[2]沛[3]，人所时有。偶一遇之，当如痌[4]瘝[5]之在身，速为解救。或以一言伸其屈[6]抑[7]，或以多方济其颠连[8]。崔子[9]曰："惠不在大，赴人之急，可也。"[10]盖仁人之言哉！

[注释]

①患难：忧患灾难。②颠：遭受大不幸，基业颠覆。③沛：遇祸乱时，流离失所。④痌：创伤溃烂。⑤瘝：通"瘰"，回旋痛苦。⑥屈：冤屈。⑦抑：压抑。⑧颠连：接二连三的不幸遭遇。⑨崔子：名铣，字子钟，又字仲凫，初号后渠，改号少石，河南安阳人。明弘治十八年（1505）进士，任庶吉士、编修，参与修《孝宗实录》。后因得罪权臣刘瑾，出为南京吏部主事。刘瑾败，召复原官，任经筵讲官、侍读、南京国子监祭酒。嘉靖三年(1524)，因进忠言，触怒皇帝，被免官。后又起为少詹事兼侍读学士、南京礼部右侍郎。卒赠礼部尚书，谥号文敏。崔铣中年自厉于学，言动皆有则。著有《政议》、《文苑春秋》等书。见《明史·列传第一百七十·儒林一》。⑩"惠不在大"三句：语出自明代崔铣《士翼》卷一："惠不在大，赴人之急可也。论不在奇，当物之真可也。政不在赫，去民之疾可也。令不在数，达己之信可也。"

[译文]

什么叫作救人危急呢？忧患灾难、颠沛流离的事情，在人的一生当中，时常发生。偶然碰到遭遇不幸的人，就应该把他的痛苦当作自己身上的痛苦一样，迅速地去解救他。要么为他们申辩明冤，要么多方支援救济那些接二连三遭遇不幸的人。崔子说："恩泽不在于有多大，能赶快地救人之急就行了。"这是仁人的话啊！

[评析]

俗话说："锦上添花，不如雪中送炭。"救急救难就是做善事的最好方式之一。

何谓兴建大利？小而一乡之内，大而一邑之中，凡有利益[1]，最宜兴建。或开渠导水，或筑堤防患，或修桥梁以便行旅，或施茶饭以济饥渴，随缘劝导，协力[2]兴修，勿避嫌疑，勿辞劳怨。

[注释]

①利益：指公众利益而非私利。②协力：富者慷慨出资，贫者义务工作。

[译文]

什么叫作兴建大利呢？说小，就在一个乡之内；说大，在一个县之中。凡是有利于公众利益的事情，最应该发起兴建。或是开渠导水，或是筑堤防患，或是修桥梁以便于交通，或是施茶饭来赈济饥渴的百姓，有机会就劝导大家齐心协力来兴修公益事业，不要怕别人的猜疑，要任劳任怨地去做。

[评析]

我们经常能在电视等媒体中听到这样的话："公众利益高于一切，人民的利益高于一切。"这不仅是对政府、官员的要求，对于我们每个人而言亦当如此。人只有在社会中才能成其为人，所以每个人都要有所担当，自觉地为众人服务。

何谓舍财作福？释门[1]万行[2]以布施[3]为先。所谓布施者，只是舍之一字耳。达者内舍六根[4]，外舍六尘[5]，一切所有无不舍者。苟非能然，先从财上布施。世人以衣食为命，故财为最重。吾从而舍之，内以破吾之悭[6]，外以济人之急。始而勉强，终则泰然[7]，最可以荡涤[8]私情[9]，祛除执吝。

［注释］

①释门：即佛教。②行：佛教语。戒行，指学佛学道的人遵守戒律刻苦修道的行为。③布施：施与，施舍。原指施恩惠于人。《国语·周语》曰："享祀时至而布施优裕。"《淮南子·主术训》曰："为惠者，尚布施也。"《庄子·外物》曰："生不布施，死何含珠为？"《荀子·哀公》曰："富有天下而无怨财，布施天下而不病贫。"《韩非子·显学》曰："上征敛于富人，而布施于贫家，是夺力俭而与侈堕也。"佛教传入中国后，以"布施"为梵文 Dāna（檀那）的意译词，特指向僧道施舍财物或斋食，以得大富乐的果报。《大乘义章》十一曰："言布施者，以己财事分布与他，名之为布，惙己惠人目之为施。"④六根：眼、耳、鼻、舌、身、意。根为能生之意，眼根对于色境而生眼识，乃至意根对于法境而生意识，故名为根。眼为视根，耳为听根，鼻为嗅根，舌为味根，身为触根，意为念虑之根。《大乘义章》四曰："六根者对色名眼，乃至第六对法名意，此之六能生六识，故名为根。"六根中前五根为四大所成之色法，意根之一为心法。但小乘以前念之意识为意根，大乘以八识中之第七末那识为意根。《百喻经·小儿得大龟喻》："凡夫之人亦复如是。欲守护六根，修诸功德，不解方便，而问人言：作何因缘而得解脱？"⑤六尘：色、声、香、味、触、法。与眼、耳、鼻、舌、身、意这"六根"相接，便能染污净心，导致烦恼。《圆觉经》卷上："妄认四大为自身相，六尘缘影为自心相。"⑥悭：小气，吝啬。⑦泰然：心安理得的样子。⑧荡涤：清洗，洗除。《汉书·李寻传》："洪水乃欲荡涤。"⑨私情：私人的情感或情谊。《管子·八观》："私情行而公法毁。"

［译文］

什么叫作舍财作福呢？佛教中的万种善行，以布施为最重要。所谓布施，只不过就是"舍"这一个字而已。通达于此的人，内舍六根，外舍六尘，一切都可以舍去。要是不能做到这样，那就先从钱财上去布施。世人以衣食为命，所以钱财看得最重。如果我们能舍弃钱财，于内就可以破我们内心的悭贪，于外则可以救人之急。开始的时候会有些勉强，后来自然会心安理得，最后可以荡涤掉自己的私情，祛除自己对钱财的执著与吝啬。

［评析］

布施就是要舍弃一切，内舍六根，外舍六尘。有舍弃才能有所收获，所以说“舍得”。但是人们注意的一般只是“舍”这一个字，忽视舍得并列，舍得舍得，有舍才有得。舍掉的是眼前利益，得到的是永恒福报。

何谓护持正法①？法者，万世生灵之眼目也。不有正法，何以参赞②天地？何以裁成③万物？何以脱尘离缚？何以经世④出世⑤？故凡见圣贤庙貌⑥、经书典籍，皆当敬重而修饬⑦之。至于举扬正法，上报佛恩，尤当勉励。

［注释］

①正法：佛教语。指释迦牟尼所说的教法，别于外道而言。《杂阿含经》卷二四：“出兴于世，演说正法。”②参赞：功参造化。③裁成：犹栽培，有教育而成就之义。④经世：行经世圣贤之事，澄清宇宙，泽被苍生。⑤出世：行出世圣贤之事，德才兼备之人说法以度众生，使之跳出轮回业报。⑥庙貌：塑像，法像。《诗·周颂·清庙序》郑玄笺：“庙之言貌也，死者精神不可得而见，但以生时之居，立宫室象貌为之耳。”因称庙宇及神像为庙貌。⑦饬：整理。

［译文］

什么叫作护持正法呢？法是万世生灵的眼目。如果没有正法，怎么去功参造化天地呢？怎么去化育万物呢？怎么摆脱尘世摆脱束缚呢？怎么去经世出世呢？所以凡是见到圣贤之像、经书典籍，都应当敬重并加以修整。至于弘扬正法，上报佛恩之事，我们特别应该相互勉励，努力地去实行。

［评析］

了凡先生认为，所谓护持正法就是以各种方法去传播和弘扬圣贤之经典，特别是弘扬佛教之经典，这是行善事的重要方式之一。

何谓敬重尊长？家之父兄，国之君长，与凡年高德高、位高识高者，皆当加意奉事。在家而奉侍父母，使深爱婉容[①]、柔声下气，习以成性[②]，便是和气格天[③]之本。出而事君[④]，行一事，毋谓君不知而自恣[⑤]也。刑一人，毋谓君不知而作威[⑥]也。事君如天，古人格论[⑦]，此等处最关阴德。试看忠孝之家，子孙未有不绵远[⑧]而昌盛者。切须慎之。

[注释]

①婉容：和顺的仪容。《礼记·祭义》："有愉色者，必有婉容。"②习以成性：养成习惯即成本性。北齐刘昼《新论·风俗》："人居此地，习以成性，谓之俗焉。"③格天：感动、感格天心。《尚书·君奭》："在昔成汤既受命，时则有若伊尹，格于皇天。"④君：君王。⑤自恣：骄横放纵，不受约束。《楚辞·大招》："自恣荆楚安以定只，逞志究欲心意安只。"⑥作威：指利用威权滥施刑罚。《左传·襄公三十一年》："我闻忠善以损怨，不闻作威以防怨。"⑦格论：精当的言论，至理名言。南唐李中《献乔侍郎》："格论思名士，舆情渴直臣。"⑧绵远：发达久远。

[译文]

什么叫作敬重尊长呢？家里的父亲、兄长，国家的君王、长官，以及凡是年纪、道德、职位、见识高的人，都应格外用心地尊敬和奉侍他们。在家里奉侍父母，要有深爱父母的心、和顺的仪容、柔声下气，化习成性，这便是以和气感格上天的根本。出门在外，伺候君王，不论做什么事，都不要认为君王不知而自己就骄横放纵起来。处罚一个人，不要认为君王不知道自己就去利用威权滥施刑罚。侍奉君王如同侍奉上天，这是古人的至理名言，这些地方最关乎阴德。试看那些忠孝之家，他们的子孙没有不发达久远、繁荣昌盛的。所以一定要谨慎小心地去做。

[评析]

尊重年长者是对生命根源的尊重，尊重道德高尚者是对人之为人的根本的尊重，尊重位高者是对社会秩序的尊重，尊重学问高者是对知识的尊重。

何谓爱惜物命？凡人之所以为人者，惟此恻隐之心而已。求仁者求此，积德者积此。《周礼》：“孟春之月，牺牲毋用牝。”[1]孟子谓“君子远庖厨”[2]，所以全吾恻隐之心也。故前辈有四不食之戒，谓闻杀不食，见杀不食，自养者不食，专为我杀者不食。学者未能断肉，且当从此戒之。渐渐增进，慈心愈长。不特杀生当戒，蠢动[3]含灵，皆为物命。求丝煮茧，锄地杀虫，念衣食之由来，皆杀彼以自活[4]。故暴殄[5]之孽，当与杀生等。至于手所误伤、足所误践者，不知其几，皆当委曲防之。古诗云：“为鼠常留饭，怜蛾不点灯。”何其仁也！

［注释］

①“孟春之月”二句：语出自《礼记·月令》。孟春，农历正月。牺牲，供祭祀用的纯色全体牲畜。色纯白为牺，牛、羊、猪为牲。牝，母畜。②君子远庖厨：《孟子·梁惠王上》：“君子之于禽兽也，见其生，不忍见其死；闻其声，不忍食其肉。是以君子远庖厨也。”③蠢动：蠕蠕爬动的虫子。④自活：自求生存。⑤暴殄：任意浪费、糟蹋。唐代韩偓《再思》诗：“暴殄由来是片时，无人向此略迟疑。”

［译文］

什么叫作爱惜物命呢？人之所以为人的根据，就只在于恻隐之心而已。求仁者所求的就是它，积德者所积的也是它。《周礼》上说：“每年正月时节，祭祀不要用母畜。”孟子说“君子远庖厨”，就是要保全自己的恻隐之心。所以，前辈有四不食之戒，即宰杀时被听到声音的，不吃其肉；宰杀时被看到的，不吃其肉；自己养大的，不吃其肉；专门为我宰杀的，不吃其肉。学者若一时不能断肉，就应当遵守此戒。这样一点点地去做，恻隐之心就会渐渐增进，慈心会增长。不仅仅杀生应当戒除，即使蠕蠕爬动的虫子也有灵性，都是物命，我们也不应该伤害。求丝煮茧，锄地杀虫，想一下衣食的由来，都是杀它们以自求生存。所以，暴殄天物的罪孽，就如同杀生一样。至于那些用手误伤，以足误踏而死的生命，不知道有多少，所以这些都应当小心谨慎地去防范。古诗云："为鼠常留饭，怜蛾不点灯。"这是何等的仁慈啊！

[评析]

爱惜物命的根基在于人人皆有的恻隐之心。恻隐之心为孟子最先提出，以论证人之区别于禽兽的根本。众生皆有灵性，与人同灵。所以对生灵的关照即是对人自身之灵的关照。人们常说："扫地不伤蝼蚁命，爱惜飞蛾纱罩灯。"也就是心怀恻隐之心去关照和爱惜生灵。

善行无穷，不能殚[①]述。由此十事而推广之，则万德可备矣。

[注释]

①殚：尽，悉数。《说文》："殚，极尽也。从歹，单声。"

[译文]

善行无穷，不能一下子说尽。只要从上边所说的十件事，加以推广发扬，那么一切的功德也就可以完满了。

[评析]

了凡先生在这里提出了与人为善、爱敬存心、成人之美、劝人为善、救人危急、兴建大利、舍财作福、护持正法、敬重尊长、爱惜物命等十件可以随时去实行的善事。这十件事涉及处理人和人之间关系时所应遵循的原则，物质与生活上救助与建设，精神生活的充实与完善，等等，可以说关乎人类生活的方方面面。如果真的按照这种原则去行事，那么一个道德的理想国就一定能够实现。

第四篇　谦德之效

《易》曰："天道亏盈而益谦，地道变盈而流谦，鬼神害盈而福谦，人道恶盈而好谦。"[①]是故《谦》之一卦[②]，六爻[③]皆吉。《书》曰："满招损，谦受益。"予屡同诸公应试，每见寒士[④]将达[⑤]，必有一段谦光可掬[⑥]。辛未计偕[⑦]，我嘉善[⑧]同袍[⑨]凡十人，惟丁敬宇宾[⑩]年最少，极其谦虚。予告费锦坡曰："此兄今年必第[⑪]。"费曰："何以见之？"予曰："惟谦受福。兄看十人中，有恂恂[⑫]款款[⑬]，不敢先人，如敬宇者乎？有恭敬顺承[⑭]，小心谦畏，如敬宇者乎？有受侮不答，闻谤不辩，如敬宇者乎？人能如此，即天地鬼神犹将佑之，岂有不发者？"及开榜，丁果中式[⑮]。

［注释］

①"天道亏盈"四句：语出自《易·谦》。谦，《易经》六十四卦之第十五卦。谦卦，上坤地，下艮山，六爻多吉。谦卦卦象为："地中有山，谦，君子以裒多益寡，称物平施。"程颐曰："山而在地下，是高者下之，卑者上之，见抑高举下，损过益不及之意。以施于事，则裒取多者，增益寡者，称物之多寡，以均其施与，使得其平也。"见《伊川易传》卷二。盈，满而溢出。谦，不满。流，流布。②卦：《周易》中一套有象征意义的符号。以阳爻（—）、阴爻（--）相配合，每卦三爻，组成八卦（即经卦），象征天地间八种基本事物及其阴阳刚柔诸性。八卦相互组合重叠，组成六十四卦（即别

卦），象征事物间的矛盾联系。古代视占卜所得之卦判断吉凶。③爻：《周易》中组成卦的长短横道符号。“—”为阳爻，“--”为阴爻。每三爻合成一卦，可得八卦；两卦（六爻）相重则得六十四卦，称为别卦。卦的变化取决于爻的变化，故爻表示交错和变动的意义。《说文》：“爻，交也。象易六爻，头交也。”按：乂，古文五，二五天地之数。会意。凡从爻之字，皆错杂意。《易·系辞上》：“爻者，言乎变者也。”《易·系辞下》：“道有变动，故曰爻。”④寒士：多指贫苦的读书人。唐代杜甫《茅屋为秋风所破歌》：“安得广厦千万间，大庇天下寒士俱欢颜。”⑤达：成名。⑥掬：双手合取。⑦计偕：举子赴会试。《史记·儒林列传序》：“郡国县道邑有好文学、敬长上、肃政教、顺乡里、出入不悖所闻者，令相长丞上属所二千石，二千石谨察可者，当与计偕，诣太常，得受业如弟子。”司马贞索隐：“计，计吏也。偕，俱也。谓令与计吏俱诣太常也。”后遂用“计偕”称举人赴京会试。⑧嘉善：今浙江省嘉兴市嘉善县。⑨同袍：泛指朋友、同年、同僚、同学等。唐代王昌龄《长歌行》：“所是同袍者，相逢尽衰老。”⑩丁敬宇宾：名宾，字礼原，号敬宇，嘉善人。隆庆五年（1571）进士，授句容知县。后得罪大学士张居正，去官。万历十九年（1591），重新被起用为南京大理丞。后迁南京右佥都御史兼督操江。召拜工部左侍郎，寻擢南京工部尚书。后加太子少保，诏进太子太保，旌其门。以年高，三被存问。崇祯六年（1633）卒，年九十一，谥号清惠。见《明史·列传第一百九》。⑪第：登科，及第。⑫恂恂：温顺恭谨的样子。《论语·乡党》：“孔子于乡党，恂恂如也，似不能言者。”⑬款款：和乐的样子。南朝梁刘孝标《广绝交论》：“范张款款于下泉，尹班陶陶于永夕。”⑭顺承：顺从承受。《易·坤》：“彖曰：至哉坤元，万物资生，乃顺承天。”孔颖达疏：“乃顺承天者，干是刚健，能统领于天，坤是阴柔，以和顺承平于天。”⑮中式：科举时代称考试合格录取。《明史·选举志二》：“三年大比，以诸生试之直省，曰乡试，中式者为举人。”

［译文］

《易经》中说：“天之道是要使盈者亏损去补偿不满者，地之道是要使盈者溢出而流向不盈的一方，鬼神之道是损害盈满者而福荫那些空虚者，人之道是讨厌满盈者而喜好不满者。”所以，谦卦是唯一六爻都吉的卦。《尚书》中说："自满招致损害，自谦会收到益处。"我屡次与诸位考生应试，每当看到将要飞黄腾达的寒门考生的时候，在他身上一定有一段谦光发出，仿佛可以用手捧住。辛未年我去应考，与我同去的嘉善同乡一共有十个人。其中只有丁宾(号敬宇)年纪最小，而且他非常谦虚。我告诉同去的费锦坡说："这位老兄，今年一定能考中。"费锦坡问我："你怎么看出来的?"我说："只有谦虚的人才会有福报。老兄你看我们这十人中，有谁像丁宾那样小心谨慎，忠厚老实，不敢抢在人前？有谁像他那样恭恭敬敬，温和顺从，小心谦逊？有谁像他那样受到欺负不去反抗，听闻诽谤不去争辩？一个人能做到这些，就是天地鬼神，也都要保佑他，岂有不发达的道理?"等到发榜，丁宾果然考中了。

[评析]

专立一节来讨论谦虚之德，可见了凡先生对谦虚谨慎美德的重视。

丁丑在京，与冯开之[①]同处，见其虚己敛容[②]，大变其幼年之习。李霁岩直谅[③]益友[④]，时面攻其非，但见其平怀顺受，未尝有一言相报。予告之曰："福有福始，祸有祸先，此心果谦，天必相[⑤]之，兄今年决第矣。"已而[⑥]果然。

[注释]

①冯开之：名梦祯，字开之，浙江秀水人。万历会试第一，官至编修。以文章气节相尚，著有《快雪堂集》行世。②虚己敛容：面容庄重，神色严肃。《汉书·霍光传》："光每朝见，上虚己敛容，礼下之已甚。"③直谅：正直信实。《论语·季氏》："益者三友……友直，友谅，友多闻，益矣。"④益友：有益的朋友。⑤相：辅助。⑥已而：不久，后来。《史记·孟子荀卿列传》："李斯尝为弟子，已而相秦。"

[译文]

丁丑年在京里，我与冯梦祯同住一处，看到他虚心自谦，面容庄重，与他小时候的习气截然不同。李霁岩是他一个正直信实的好友，常当面指责他的错误。但冯梦祯总是心平气和地接受责备，从不反驳一句话。我告诉冯梦祯说："福有福的开端，祸有祸的预兆。此心真能做到谦虚，上天一定会帮助他。老兄你今年必定登第了。"后来冯梦祯果然考中。

[评析]

良药苦口，此乃千古名言，但是历史上能有几人谦虚地接受这份苦药呢？所以药固然重要，但若紧闭双唇，再好的药也无济于事。忠言固然中肯，但是听者若不能虚怀若谷，再好的建言也于事无补。

赵裕峰光远，山东冠县人，童年[①]举于乡，久不第。其父为嘉善三尹[②]，随之任。慕钱明吾，而执文见之。明吾悉抹其文，赵不惟不怒，且心服而速改焉。明年，遂登第。

[注释]

①童年：未成年时期，幼年。②三尹：官名，指各级主官属下掌管文书的佐吏。

[译文]

赵裕峰，名光远，山东冠县人。他未成年，就中了举人，后来久试不中。他父亲做了嘉善县的主簿，赵光远就随他的父亲到任。赵光远非常仰慕钱明吾的学问，就拿自己的文章去见他。然而钱明吾竟把他的文章全涂掉了。赵光远不但不发火，并且还打心眼儿里信服，于是他抓紧时间修改文章。第二年，赵光远就登第了。

[评析]

认识错误，虚心接受别人的意见，从内心认识到自己的缺点和不足之处，乃是使人进步之重要动力。

壬辰岁，予入觐[①]，晤[②]夏建所，见其人气虚意下，谦光逼人，归而告友人曰：“凡天将发斯人也，未发其福，先发其慧。此慧一发，则浮者自实，肆者自敛。建所温良[3]若此，天启之矣。”及开榜，果中式。

［注释］

①入觐：朝见君主。《礼记·曲礼》：“天子当依而立，诸侯北面而见天子曰觐。”②晤：相遇，见面。③温良：温和善良。《管子·形势》：“人主者，温良宽厚则民爱之。”

［译文］

壬辰年我进京觐见皇上，遇见一位叫夏建所的读书人。我见他气质谦卑，谦光逼人，我回去就告诉朋友说：“凡是上天将要使哪个人发达，未发其福，先发其慧。这个智慧一发，那么轻浮的人自然会变得诚实，放肆的人自然会收敛。夏建所温和善良，就像这样，上天要发福于他了。”等到开榜，夏建所果然考中了。

［评析］

谦虚的气质、收敛的风格是获取别人信任和好感的重要因素，自然也是事业取得成功的重要条件之一。

江阴张畏岩，积学[1]工文，有声艺林[2]。甲午，南京乡试，寓一寺中，揭晓[3]无名，大骂试官，以为眯[4]目。时有一道者在傍微笑，张遽[5]移怒道者。道者曰：“相公[6]文必不佳。”张益怒曰：“汝不见我文，乌知不佳？”道者曰：“闻作文贵心气和平，今听公骂詈，不平甚矣，文安得工[7]？”张不觉屈服，因就[8]而请教焉。道者曰：“中[9]全要命。命不该中，文虽工，无益也。须自己做个转变。”张曰：“既是命，如何转变？”道者曰：“造命[10]者天，立命[11]者我。力行善事，广积阴德，何福不可求哉？”张曰：“我贫士，何能为？”道者曰：“善事阴功，皆由心造[12]。常存此心，功德无量。且如谦虚一节，并不费钱，你如何不自反而骂试官乎?”张由此折节[13]自持[14]，善日加修，德日加厚。丁酉，梦至一高房，得试录一册，中多缺行。问旁人，曰：“此今科试录。”问：“何多缺名?”曰：“科第阴间三年一考，较须积德无咎者，方有名。如前所缺，皆系旧该中式，因新有薄行[15]而去之者也。”后指一行云：“汝三年来持身颇慎，或当补此，幸[16]自爱。”是科果中一百五名。

[注释]

①积学：博学，饱学。唐代韩愈《顺宗实录三》：“给事中陆质、中书舍人崔枢积学懿文，守经据古，夙夜讲习，庶协于中。”②艺林：学术界。③揭晓：出榜晓示。④眯：看不清。⑤遽：遂，就。⑥相公：旧时对读书人的敬称，后多指秀才。元代武汉臣《玉壶春》第二折：“相公，你不思进取功名，只要上花台做子弟。”⑦工：细致，精巧。⑧就：靠近。⑨中：中式。⑩造命：掌握命运。《新唐书·李泌传》：“夫命者，已然之言。主相造命，不当言命。言命，则不复赏善罚恶矣。”⑪立命：指修身养性以奉天命。《孟子·尽心上》：“夭寿不贰，修身以俟之，所以立命也。”赵岐注：“修正其身，以待天命，此所以立命之本也。”⑫心造：佛教语。指为心所生。清代张岱《西湖梦寻·大佛头》：“色相求如来，巨细皆心造。我视大佛头，仍然一茎草。”⑬折节：强自克制，改变平素志行。《史记·货殖列传》：“富人争奢侈，而任氏折节为俭，力田畜。”⑭自持：自我克制和把持。《史记·儒林列传》：“宽为人温良，有廉智，自持，而善著书。”⑮薄行：品行不端，轻薄无行。《后汉书·靖王政传》：“政淫欲薄行。后中山简王薨，政诣中山会葬，私取简王姬徐妃，又盗迎掖庭出女。”⑯幸：希望。

[译文]

江阴的张畏岩，学识渊博，文章做得很好，在一些读书人之中已经有些声名了。甲午年南京乡试，他借住在一处寺院里。等到发榜，榜上没他名字，他不服气，大骂考官眼睛不好使，看不清东西。当时有一个道士在旁微笑，张畏岩于是就把怒火发到道士身上。道士说：“你的文章写得一定不好。”张畏岩更加生气地说：“你又没看到我的文章，怎知道我写得不好?”道士说：“我听人说，写文章贵在能心平气和。现在听到你大骂考官，可见你非常心烦气躁，你的文章又怎么会好呢?”张畏岩听了道士的这番话，不自觉地折服了，于是他就走上去向道士请教。道士说：“考中全靠命，命不该中，文章就是写得好，也是没用的。须自己做个转变。”张畏岩问：“既然是命，那又怎么能转变呢?”道士说：“造既成之命者在天，立未来之命者在我。力行善事，广积阴德，有什么福报不可能得到呢?”张畏岩问：“我是个穷读书的，能做些什么善事呢?”道士说：“行善事，积阴功，都是由自己的心做出来的。长存行善之心，就会功德无量。就像谦虚一节，并不费钱，你为什么不自我反省，反而去骂试官呢?”张畏岩就从此谦卑，自我克制。他每天力行善事，功德日渐增厚。到了丁酉年，有一天，他梦见到了一处高房中，得到一册试录，其中有很多缺行。他就问旁人，那人说：“这是今年考试录取名册。”张畏岩又问：“为什么名册里会有这么多的缺行?”那人说：“阴间每隔三年对那些应考者要考查一次，只有那些积德并且没有过失的人，在这个试录册上才会有其名字。就像册中前面的缺行，都是本应该考中，因为新近品行不端，轻薄无行而被从册中画去了名字。”接着那个人指着册中的一行说：“你三年来，非常谨慎小心地修持自身，或许你就应该填补此处空缺，希望你洁身自爱。”后来，张畏岩这次考试榜上有名，考了第一百零五名。

[评析]

“造命者天，立命者我”，了凡先生借道人之口说明了人的命运并非完全被动由天而定，人自己的行为也是促成自己命运的重要方面。人借此掌握了自己的命运，同时必须承担那些不能推托的道德责任。

由此观之，举头三尺，决有神明，趋吉避凶，断然由我。须使我存心制行，毫不得罪于天地鬼神，而虚心屈己，使天地鬼神时时怜我，方有受福之基。彼气盈者必非远器[1]，纵发亦无受用[2]。稍有识见之士，必不忍自狭其量，而自拒其福也。况谦则受教有地，而取善无穷，尤修业者[3]所必不可少者也。

［注释］

①远器：有才能、能担当大事的人。宋代程颐《上谷郡君家传》："姜应明者，中神童第，人竞观之。夫人曰：'非远器也。'后果以罪废。"②受用：受益，得益。《朱子语类》卷九："今只是要理会道理，若理会得一分，便有一分受用；理会得二分，便有二分受用。"③修业者：读书人。

［译文］

由此看来，举头三尺，必有神明，但是趋吉避凶，则绝对要靠自己。这就要让自己存善心，克己行，毫不得罪于天地鬼神，从而虚心屈己，使天地鬼神时时怜爱我，这才有接受上天福报的根基。那些自满气盛的人一定不是能担当大事的人，就算是发达了，他们也不能受用。稍微有些见识的人一定不忍自狭其量，从而自己拒绝得到福报。何况只有内心谦虚，心中才会有空间接受教诲，这样就会得到无穷无尽的益处，尤其对于那些读书人来说更是必不可少的。

［评析］

神明是道德律令得以实行的保证者，是我们敬畏心的来源之一。有对天地神明的敬畏，就有了自己行为的尺度，也才有谦虚的心态和海纳百川的度量。

古语云："有志于功名者，必得功名。有志于富贵者，必得富贵。"人之有志，如树之有根。立定此志，须念念谦虚，尘尘[1]方便[2]，自然感动天地，而造福由我。今之求登科第者，初未尝有真志，不过一时意兴耳，兴到则求，兴阑[3]则止。孟子曰："王之好乐甚，齐其庶几乎！"[4]予于科名[5]亦然。

［注释］

①尘尘：佛教语。指无量数。唐代常达《山居八咏》之五："真性寂无机，尘尘祖佛师。"②方便：佛教语。指以灵活方式因人施教，使悟佛法真义。《五灯会元·章敬晖禅师法嗣·荐福弘辩禅师》："方便者，隐实覆相，权巧之门也。被接中下，曲施诱迪，谓之方便。"《嘉祥法华义疏四》曰："一者就理教释之，理正曰方，言巧称便。即是其义深远，其语巧妙，文义合举，故云方便。此释通于大小。二者众生所缘之域为方，如来适化之法称便。盖欲因病授药，藉方施便，机教两举，故名方便。此亦通于大小。"③兴阑：兴残，兴尽。唐代王维《从岐王过杨氏别业应教》诗："杨子谈经所，淮王载酒过。兴阑啼鸟换，坐久落花多。"④"王之好乐甚"二句：见《孟子·梁惠王下》："庄暴见孟子，曰：'暴见于王，王语暴以好乐，暴未有以对也。'曰：'好乐何如？'孟子曰：'王之好乐甚，则齐国其庶几乎！'"庄暴去见齐宣王，齐宣王告诉庄暴说他喜欢音乐。庄暴又把这些告诉了孟子。孟子说，齐宣王如果真的非常喜好音乐，那么齐国就能被治理得差不多了。庶几，差不多。⑤科名：科举功名。唐代韩愈《答陈生书》："子之汲汲于科名，以不得进为亲之羞者，惑也。"

［译文］

古语说："有志于功名者，必得功名。有志于富贵者，必得富贵。"人有了志向，就如同树有了根基。人立定了志向，必须在每一个念头上都要谦虚。给旁人无微不至的帮助，自然会感动天地，而造福则全在我自己。像现在那些求取功名的人，当初没有真志，只不过是一时的兴趣罢了，兴致来了就去求，兴致退了就停止。孟子对庄暴说："齐王若是好乐至极，那么齐国早就被治理得差不多了！"在我看来，对求功名来说也是同样的道理。

［评析］

人们常说："有志者事竟成。"功名、富贵只是通过自身的努力，通过修养积德所得到的果报。这些皆根源于自己的坚定的意志和志向。

附录一

袁了凡传

彭绍升　撰

袁了凡，名黄，江南吴江人，故字学海。幼孤业医。有术者孔生，善皇极数，推了凡命，劝令习儒书曰：明年当补诸生，后以贡生为知县，终五十二岁，然无子。了凡之先赘嘉善殳氏，遂补嘉善县学生，既而贡太学。其考校名次、廪米斗石之数悉符孔生悬记语。顷之，访云谷禅师于栖霞，与云谷坐对一室，三昼夜不瞑。云谷异之曰：子昼夜中不起妄想，入道不难也。了凡曰：吾生平有孔生者悬记之，既验矣，荣辱生死其有定数审矣。知妄想之无益也，息之久矣。云谷曰：吾以豪杰之士待子，不知子之为凡夫也。人之生固前有定数焉，然大善大恶之人则皆非前数之所得定也。子二十年坐孔生算中，不得一毫转动，凡夫哉！曰：然则定数可变乎？云谷曰：命自我造，福自己求。一切福田不离自性，反躬内省感无不通，何为其不可变也。孔生悬记汝者何，试说之。了凡以告。云谷曰：汝自揣应得科第否？应生子否？了凡自忖良久曰：不应也。好逸恶劳，恃才矜名，多言善怒，喜洁嗜饮之数者，俱非载福之基也。云谷曰：人苦不知非。子知非，子即痛刷之。从前种种譬如昨日死，从后种种譬如今日生。此义理再生之身也，何前数之不可变也。了凡踖其言，肃容再拜曰：谨受教。因为疏，发己过于佛前，誓立功行三千以自赎。云谷于是授以功过格，教以准提咒，谓曰：事天立命。须于何思何虑时，实信天人合一之理。于此起善行，是真善行。于此言感通，是真感通。孟子论立命曰：夭寿不贰，修身以俟之。曰夭寿则一切顺逆该之矣，曰修则一切过恶不容姑忍矣，曰俟则一切觊觎一切将迎皆当薙绝矣。到此地位，纤毫不动，求即无求，不离有欲之中，直造先天之境。汝今未能。但持准提咒无令间断，持至纯熟，持而不持，不持而持，日用应缘，念头不动，则灵验矣。是日更字了凡，自后终日兢兢。暗室独处，战惕倍至，遇人憎毁，恬然容受不校也。其明年为隆庆四年，举于乡。自言行履未纯，检身多悔，积十余年，而前所誓三千行始满，复誓再行三千行，无何生子俨。又三年后所誓满，复誓行一万行，后四年为万历十四年成进士，授宝坻知县。

了凡自为诸生，好学问，通古今之务，象纬律算兵政河渠之说靡不晓练。其在官孜孜求利民，治绩甚著，而终以善行迟久未完自疚责。一夕梦神告曰：减粮一事，万行完矣。初宝坻田赋每亩二分三厘七毫，了凡为区画利病，请于上官得减至一分四厘六毫。神人所言指此也。县数被潦，乃浚三坌河筑堤以御之。又令民沿海岸植柳，海水挟沙上。遇柳而淤，久之成堤。治沟塍，课耕种，旷土日辟，省诸徭役以便民。后七年擢兵部，职方司主事。会朝鲜被倭难，来乞师。经略宋应昌奏了凡军前赞画兼督朝鲜兵。提督李如松以封贡给倭，倭信之不设备，如松遂袭，破倭于平壤。了凡面折如松不应行诡道，亏损国体，而如松麾下又杀平民为首功。了凡争之强，如松怒。独引兵而东，倭袭了凡，了凡击却之，而如松军果败。思脱罪，更以十罪劾了凡，而了凡旋以拾遗被议。削籍归，居常诵持经咒习禅观，日有课程，公私遽冗，未尝暂辍。初与僧幻予，密藏议刻小本藏经。阅数年事颇集，遂于佛前发愿云：黄自无始以来，迷失真性，枉受轮回。今幸生人道，诚心忏悔破戒障道重罪，勤修种种善道。睹诸众生现溺苦海，不愿生天独受乐趣。睹诸众生昏迷颠倒，不愿证声闻缘觉自超三界。但愿诸佛怜我，贤圣助我，即赐神丹或逢仙草，证五通仙果，住五浊恶世，救度众生，力持大法永不息灭。又愿得六神通，智慧顿开，辩才无量，一切法门靡不精进。世间众艺高擅古今，使外道阐提垂首折伏。作如来之金汤，护正法于无尽。发愿已，书之册，为唱导焉。家不富而好施，岁捐米数百石，饭僧居其大半。余施穷乏者，曰传佛法者僧也，吾故急焉。妻贤助之施，亦自记功行。不能书，以鹅翎茎渍朱逐日标历本。或见了凡积功少，即颦蹙。尝为子制絮衣，了凡曰：何不用棉？曰：欲得余钱，以衣冻者耳。了凡喜曰：若能是，不患此子无禄矣。家居十余年，卒年七十四。熹宗朝追叙征倭功，赠尚宝司少卿。著诫子文行于世，其《积善篇》曰：易曰积善之家必有余庆，然其真假、端曲、是非、半满、大小、难易，当深辨也。何谓真假？人之行善利人者公，公则为真，利己者私，私则为假，根心者真，袭迹者假。无为而为者真，有为而为者假。何谓端曲？今人见谨原之士，类以为善。其次则取边幅自守者，至言大而行不掩者弃之矣。然圣人思狂者与狷者而以原人为德贼，是流俗之取舍与圣人反也。天地鬼神之福善祸淫与圣人同是非，不与世俗同取舍。有志积善者，慎无徇流俗之耳目也。但于己心隐微默默自洗涤，默默自检点，如其纯为济世之心则为端，有一毫媚世之心即为曲。纯为爱人之心则为端，有一毫愤世之心即为曲。何谓是非？鲁国之法有赎人于诸侯者受金于府，子贡赎人而不受金。孔子闻之曰：自今以往无赎人于诸侯者矣。子路拯人于溺，其人谢以牛，子路受之。孔子喜曰：自今鲁国多拯人于溺者矣。故知人之为善不论见行而论流极，现行善，其流足害人，非善也。现行似未尽善，而其流足以济人，非不善也。何谓半满？易言善不积不足以成名，是如贮物于器焉，勤而贮之，日积而满，懈而不贮则不满也。此一说也。昔有女子入寺施钱二文，主僧亲为忏悔。及后入宫，回施千金，主僧令其徒回向而已。女子问其故，僧曰：前者施心甚虔，非老僧亲忏不足报德，今则有间矣。此千金为半，二文为满也。钟离授丹于吕仙，点铁成金可以济世。吕问曰：终变否？曰：五百年后当复本质。吕曰：如此则误五百年后人，吾不为也。曰：修仙要积三千功行，汝此一言三千功行满矣。又一说也。又为善而心不著善，则随所成就皆得圆满。心著于善，终身勤厉止于半善。譬如以财施人，内不见己，外不见人，中不见所施之物，是谓三轮体空，是谓一心清净。则斗粟可以种无涯之福，一文可以消千劫之灾。苟此心未忘，虽施万镒福不满也。又一说也。何谓大小？昔卫仲达为馆职，被摄至冥司。吏呈善恶二录，恶录盈庭，善录如箸而已。以称平之，则善录重而衡仰，恶录轻而衡低。仲达问：何书重如是？吏曰：朝廷尝大兴工役，造三山桥，君上疏谏止之，此疏藁也。仲达曰：某虽言之，未见从，于事何补？吏曰：虽未见从，君一念之仁已被万民，善力大矣。故知善在天下国家，虽少而大。若在一身，虽多亦小。何谓难易？先儒谓克己须从难克处克。夫子告樊迟为仁曰：先难。若难舍处能舍，难忍处能忍，斯可贵矣。善量无穷，义类亦众，有志力行推而广之。其《改过篇》曰：夫造福远灾，未论行善先宜改过。然改过有机，其机在心。第一要发耻心。孟子曰：耻之于人大矣。以能用耻则圣贤，不能用耻则禽兽。几希之间，其危甚矣。第二要发畏心。日月在上，鬼神难欺。虽在隐微，实昭鉴之。一念悔悟真诚，足涤百年宿秽。譬如幽谷，一灯才照，积暗俱除。故过不论久近，贵于能改。但人命无常，一息不属，欲改无由，可为哀痛。第三要发勇心。人不改过，多是因循退缩。若有刻不能安之，心如毒蛇螫指，疾速斩除，不肯姑待，此风雷之益也。然人之过有从事上改者，有从理上改者，有从心上改者。功夫不同，效验亦异。如前日杀生，今戒不杀。前日怒詈，今戒不怒。就事而改，强制于外，其难百倍，且病根终在。东灭西生，非究竟廓然之道也。善改过者，未禁其事，先明其理。如过在杀生，即思曰：上帝好生，物皆恋命，杀彼养己，于心不安。且其在彼既受屠割，复入鼎镬，种种痛苦彻骨入髓。而其在己珍馔罗列，食过即空。疏食菜羹尽可充腹，何为戕物亏仁造虚妄业！如前日好怒，必思曰：人有不及，情所宜矜，悖理相干，于我何与，无可怒者。又思天下无自是之豪杰，无尤人之圣贤。行有不得，悉以自反。谤毁之来，欢然受赐。且闻谤不怒，虽谗焰灼天，如火焚空，终将自息。闻谤而怒，虽巧言力辩，如蚕作茧，自取缠绵，不惟无益，兼有大损。其余种种过恶，皆当据理思之。此理日明，过将自止。何谓从心而改？过有千端，惟心所造。吾心不动，过安从生？学者于好色好名好货好怒，种种过端，不必逐类寻求，但当一心为善。时时正念现前，邪念即起污染不上，如太阳当空魍魉自遁，如红炉炙炭雪点自消。此精一之正传，乃执中之大道，如斩毒树直断其根。枝枝而求，叶叶而摘，只益自劳，终成迷复。大抵最上治心，当下清净。才动即觉，觉之即无。苟未能然，则明理以遣之。又未能然，随事以禁之。发愿痛改，明须良朋提撕，幽须鬼神证明。一心忏悔，昼夜不懈，经一七二七以至一月二月三月必有效验。或觉心神恬旷，或觉智慧顿开，或处冗沓而触念皆通，或遇冤雠而回嗔作喜。或梦吐黑物，或梦往圣先贤提携接引，或梦飞步太虚，或梦幡幢宝盖种种胜事，皆过消罪灭之象也。然不得执此自高，画而不进，义理无穷，功行无穷。昔蘧伯玉行年五十而知四十九年之非，吾辈身为凡流，过恶猬集，而回思往事，常若不见。有过者心粗而眼翳也，是宜日日知非，日日改过。一日不知非，即一日安于自是。一日无过可改，即一日无步可进。天下聪明才俊不少，所以德不加修，业不加广，总由冒昧因循空过一生，不可不深思而自勉也。

俨后亦成进士，终高要知县（《吴江志》《冯开之集》《丹桂籍》《密藏禅师遗稿附录》）。

知归子曰：了凡既殁百有余年，而功过格盛传于世。世之欲善者，虑无不知效法了凡。然求如了凡之真诚恳至，由浅既深，未数数也。或疑了凡喜以祸福因果导人，为不知德本，予窃非之。《莲华经》曰：先以欲钩牵，后令入佛智。孟子于齐梁诸君，往往即好色好货好乐好台池鸟兽田猎游观，纳之归大道，谓非袁氏之旨耶？贤智立言因时，而制权各有至苦之心。又各有其生平得力之故，未必尽同。考了凡行事，其始盖亦因欣羡而生趋向者，乃其后遂若饥食渴饮之不可缺焉，何其诚也！后又得读其诫子文，敬其志，删其要而论之，乐善君子当有取焉。

汪大绅云：带业修行中一个有力量人，为袁氏之学者。须识得佛氏十善、五戒、六度、万行，与道家太上感应，皆是圣人作易开物成务之旨，方不至堕落。不然饶你做到转轮王，一朝堕落，终为牛领中虱虫耳。

（《居士传》四十五）

附录二

云谷先大师传

(明)憨山德清　撰

师讳法会,别号云谷，嘉善胥山怀氏子。生于弘治庚申，幼志出世，投邑大云寺某公为师。初习瑜伽，师每思曰："出家以生死大事为切，何以碌碌衣食计为?"年十九，即决志操方，寻登坛受具。闻天台小止观法门，专精修习。法舟济禅师，续径山之道，掩关于郡之天宁。师往参扣，呈其所修。舟曰："止观之要，不依身心气息，内外脱然。子之所修，流于下乘，岂西来的意耶？学道必以悟心为主。"师悲仰请益，舟授以念佛审实话头，直令重下疑情。师依教日夜参究，寝食俱废。一日受食，食尽亦不自知，碗忽堕地，猛然有省，恍如梦觉。复请益舟，乃蒙印可。阅《宗镜录》，大悟唯心之旨。从此一切经教，及诸祖公案，了然如睹家中故物。于是韬晦丛林，陆沉贱役。一日阅《镡津集》，见明教大师护法深心，初礼观音大士，日夜称名十万声。师愿效其行，遂顶戴观音大士像，通宵不寐，礼拜经行，终身不懈。

时江南佛法禅道，绝然无闻。师初至金陵，寓天界毗卢阁下行道，见者称异。魏国先王闻之，乃请于西园丛桂庵供养，师住此入定三日夜。居无何，予先太师祖西林翁，掌僧录，兼报恩住持，往谒师，即请住本寺之三藏殿。师危坐一龛，绝无将迎，足不越阃者三年，人无知者。偶有权贵人游至，见师端坐，以为无礼，谩辱之。师曳杖之摄山栖霞。栖霞乃梁朝开山，武帝凿千佛岭，累朝赐供赡田地。道场荒废，殿堂为虎狼巢。师爱其幽深，遂诛茅于千佛岭下，影不出山。时有盗侵师，窃去所有，夜行至天明，尚不离庵。人获之，送至师。师食以饮食，尽与所有持去，由是闻者感化。太宰五台陆公，初仕为祠部主政，访古道场，偶游栖霞，见师气宇不凡，雅重之。信宿山中，欲重兴其寺，请师为住持。师坚辞，举嵩山善公以应命。善公尽复寺故业，斥豪民占据第宅，为方丈、建禅堂、开讲席、纳四来。江南丛林肇于此，师之力也。

道场既开，往来者众，师乃移居于山之最深处，曰“天开岩”，吊影如初。一时宰官居士，因陆公开导，多知有禅道，闻师之风，往往造谒。凡参请者，一见，师即问曰：“日用事如何?”无论贵贱僧俗，入室必掷蒲团于地，令其端坐，返观自己本来面目，甚至终日竟夜无一语。临别必叮咛曰：“无空过日。”再见，必问别后用心功夫，难易若何。故荒唐者，茫无以应。以慈愈切而严益重，虽无门庭设施，见者望崖不寒而栗。然师一以等心相摄，从来接人软语低声，一味平怀，未尝有辞色。士大夫归依者日益众，即不能入山，有请见者，师以化导为心，亦就见。岁一往来城中，必主于回光寺。每至，则在家二众，归之如绕华座。师一视如幻化人，曾无一念分别心。故亲近者，如婴儿之傍慈母也。出城多主于普德，臞鹤悦公实禀其教。

先太师翁，每延入丈室，动经旬月。予童子时，即亲近执侍，辱师器之，训诲不倦。予年十九，有不欲出家意。师知之，问曰："汝何背初心耶？"予曰："第厌其俗耳。"师曰："汝知厌俗，何不学高僧？古之高僧，天子不以臣礼待之，父母不以子礼畜之。天龙恭敬，不以为喜。当取《传灯录》、《高僧传》读之，则知之矣。"予即简书笥，得《中峰广录》一部，持白师。师曰："熟味此，即知僧之为贵也。"予由是决志薙染，实蒙师之开发，乃嘉靖甲子岁也。丙寅冬，师愍禅道绝响，乃集五十三人，结坐禅期于天界。师力拔予入众同参，指示向上一路，教以念佛审实话头，是时始知有宗门事。比南都诸刹，从禅道者四五人耳。

师垂老，悲心益切。虽最小沙弥，一以慈眼视之，遇之以礼，凡动静威仪，无不耳提面命，循循善诱，见者人人以为亲己。然护法心深，不轻初学，不慢毁戒。诸山僧多不律，凡有干法纪者，师一闻之，不待求而往救，必恳恳当事，佛法付嘱王臣为外护，惟在仰体佛心，辱僧即辱佛也。闻者莫不改容释然，必至解脱而后已，然竟罔闻于人者。故听者，亦未尝以多事为烦。久久，皆知出于无缘慈也。了凡袁公未第时，参师于山中，相对默坐三日夜，师示之以唯心立命之旨。公奉教事，详《省身录》。由是师道日益重。隆庆辛未，予辞师北游。师诫之曰："古人行脚，单为求明己躬下事，尔当思他日将何以见父母师友，慎毋虚费草鞋钱也。"予涕泣礼别。

壬申春，嘉禾吏部尚书默泉吴公、刑部尚书旦泉郑公、平湖太仆五台陆公与弟云台，同请师故山。诸公时时入室问道，每见必炷香请益，执弟子礼。达观可禅师，常同尚书平泉陆公、中书思庵徐公，谒师扣《华严》宗旨。师为发挥四法界圆融之妙，皆叹未曾有。

师寻常示人，特揭唯心净土法门，生平任缘，未常树立门庭。诸山但有禅讲道场，必请坐方丈。至则举扬百丈规矩，务明先德典刑，不少假借。居恒安重寡言，出语如空谷音。定力摄持，住山清修，四十余年如一日，胁不至席。终身礼诵，未尝辍一夕。当江南禅道草昧之时，出入多口之地，始终无议之者，其操行可知已。

师居乡三载，所蒙化千万计。一夜，四乡之人，见师庵中大火发。及明趋视，师已寂然而逝矣，万历三年乙亥正月初五日也。师生于弘治庚申，世寿七十有五，僧腊五十。弟子真印等，荼毗葬于寺右。

予自离师，遍历诸方，所参知识，未见操履平实、真慈安详之若师者。每一兴想，师之音声色相，昭然心目。以感法乳之深，故至老而不能忘也。师之发迹入道因缘，盖常亲蒙开示。第末后一着，未知所归。前丁巳岁，东游，赴沈定凡居士斋。礼师塔于栖真，乃募建塔亭，置供赡田，少尽一念。见了凡先生铭未悉，乃概述见闻行履为之传，以示来者。师为中兴禅道之祖，惜机语失录，无以发扬秘妙耳。

释德清曰：达摩单传之道，五宗而下，至我明径山之后，狮弦将绝响矣。唯我大师，从法舟禅师，续如线之脉。虽未大建法幢，然当大法草昧之时，挺然力振其道，使人知有向上事。其于见地稳密，操履平实，动静不忘规矩，犹存百丈之典刑。遍阅诸方，纵有作者，无以越之。岂非一代人天师表欤！清愧钝根下劣，不能克绍家声，有负明教。至若荷法之心，未敢忘于一息也。敬述师生平之概，后之观者，当有以见古人云。

（《憨山老人梦游集》卷三十）

附录三

自知录

(明)莲池大师删订

自知录序

予少时见太微仙君功过格，而大悦，旋梓以施。已而出俗行脚，匍匐于参请。暨归隐深谷，方事禅思，遂无暇及此。今老矣，复得诸乱帙中，悦犹故也。乃稍为删定，更增其未备，而重梓焉。昔仙君谓凡人宜置籍卧榻，每向晦入息，书其一日功过。积日而月，积月而年。或以功准过，或以过准功，多寡相仇，自知罪福，不必问乎休咎。至矣哉，言乎！先民有云：人苦不自知。唯知其恶，则惧而戢；知其善，则喜而益自勉；不知则任情肆志，沦胥于禽兽而亦莫觉其禽兽也！兹运心举笔，灵台难欺，邪正淑慝，炯乎若明镜之鉴形，不师而严，不友而诤，不赏罚而劝惩，不蓍龟而趋避，不天堂地狱而升沈。驯而致之，其于道也何有？因易其名曰《自知录》。是录也，下士得之，行且大笑，莫之能视，奚望其能书；中士得之，必勤而书之；上士得之，但自诸恶不作，众善奉行，书可也，不书可也。何以故善本当行，非徼福故，恶本不当作，非畏罪故。终日止恶，终日修善，外不见善恶相，内不见能止能修之心。福且不受，罪亦性空，则书将安用？矧二部童子，六斋诸天，并世所称台彭司命、日游夜游、予司夺司、元会节腊等，昭布森列，前我后我，左右我，明目而瞩我，正使我不书，彼之书固以密茧丝而析秋毫矣。虽然，天下不皆上士。即皆上士，其自知而不书，不失为君子，不自知而不书，非冥顽不灵，则刚愎自用云尔。人间顾可无是录乎是放在儒，为四端百行，在释，为六度万行，在道，为三千功八百行，皆积善之说也。彼罢缘灰念之辈，以自为则无论矣。如藉口乎善恶都不思量，见有勤而书之者，漫呵曰：恶用是矻矻尔烦心为则其失非细。嗟乎！世人夏畦于五欲之场，疲神殚思，终其身不惮烦，而独烦于就寝之顷，不一整其心虑，亦惑矣。昼勤三省，夜必告天，乃至黑豆白豆，贤智者所不废也。书之庸何伤！

时万历三十二年岁次甲辰清明日沙门袾宏识

善 门

忠孝类

事父母致敬尽养，一日为一善。守义方之训不违犯者，一事为一善。父母殁如法资荐，所费百钱为一善。劝化父母以世间善道，一事为十善。劝化父母以出世间大道，一事为二十善。解：凡言百钱，谓铜钱百文，准银十分，不论钱贵钱贱。

事继母致敬尽养，一日为二善。敬养祖父母，同论。

事君王竭忠效力，一日为一善。开陈善道，利益一人为一善，利益一方为十善，利益天下为五十善，利益天下后世为百善。遵时王之制不违犯者，一事为一善。凡事真实不欺，一事为一善。

敬奉师长，一日为一善。守师良诲，一言为一善。

敬兄爱弟，一事为一善。敬爱异父母兄弟，一事为二善。

仁慈类

救重疾一人为十善，轻疾一人为五善。施药一服为一善。路遇病人舆归调养，一人为二十善。若受贿者非善。解：受贿者，谓得彼人金帛酬谢。

救死刑一人为百善。免死刑一人为八十善。减死刑一人为四十善。若受贿徇情者非善。救军刑、徒刑，一人为四十善。免，一人为三十善。减，一人为十五善。救杖刑，一人为十五善。免，一人为十善。减，一人为五善。救笞刑，一人为五善。免，四善。减，三善。以上受贿者非善，偏断不公者非善。居家减免奴婢之属，同论。解：救，谓非自己主事，用力扶救是也；免，谓自己主事，特与恕免是也。偏断者，谓非据理详审，唯任意偏断，反释真犯是也。

见溺儿者，救免收养，一命为五十善。劝彼人勿溺，一命为三十善。收养无主遗弃婴孩，一命为二十五善。

凡救人一命，为百善。

不杀降卒，不戮胁从，所活一人为五十善。

救有力报人之畜，一命为二十善。救无力报人之畜，一命为十善。救微畜，一命为一善。救极微畜，十命为一善。若故谓微命善多，专救微命，不救大命者，非善。若不吝重价而救大命，与救多多微命同论。解：有力报人，如耕牛乘马家犬等；无力报人，如猪羊鹅鸭獐鹿等；微命，如鱼雀等；极微，如细鱼虾螺乃至蝇蚁蚊虻等。救者，或买或放或禁绝或劝止是也。专救微命不救大命者，是惟贪己福，无慈物心故非善也。

救害物之畜，一命为一善。解：害物，如蛇鼠等。蛇未咬人，无可杀罪故。鼠虽为害，罪不至死故。

祭祀筵宴，例当杀生，不杀而市买现物，所费百钱为一善。世业看蚕，禁不看者，为五善。

见渔人猎人屠人等，好言劝其改业，为三善。化转一人，为五十善。

居官禁止屠杀，一日为十善。

耕牛乘马家犬等，死而埋葬之，大命一命为十善，小命一命为五善。复资荐之，一命为五善。

赈济鳏、寡、孤、独、瘫、瞽、穷民，百钱为一善。零施，积至百钱为一善，米麦布匹之类同上计钱数论。周给宗族中人、周给患难中人，同论。如上穷民，收归养膳者，一日为一善。

见人有忧，善为解慰，为一善。

荒年平价粜米，所让百钱为一善。

济饥饿人，一食为一善；渴人，十饮为一善。济寒冻人，暖室一宵为一善，棉衣一件为二善。夜暗施灯，明一人为一善。天雨施雨具，一人为一善。

施禽畜，二食为一善。

饶免债负，百钱为一善。利多年久，彼人哀求度其难取而饶免者，二百钱为一善。告官，官不为理，不得已而饶免者，非善。

救接人畜助力疲困之苦，一时为一善。解：救接者，谓或停役或代劳，是也。

死不能殓，施与棺木，所费百钱为一善。

葬无主之骨，一人为一善。施地与无坟墓家，葬一人为三十善，若令办租税者非善。置义冢，所费百钱为一善。

平治道路险阻泥淖，所费百钱为一善。开掘义井，修建凉亭，造桥梁、渡船等。俱同论。若受贿者非善。

居上官慈抚卑职，一人为一善。有过情可矜，保全其职，为十善。若受贿者非善。凡在上不凌虐下人者，同论。

视民如子，惟恐伤之，一事为一善。

善遣妾婢，一人为十善。资发，所费百钱为一善。白还人卖出男女，不取其赎者，原银百钱为一善。出钱赎男女还人者，同论。

三宝功德类

造三宝尊像，所费百钱为一善。诸天先圣治世正神贤人君子等像，所费二百钱为一善。重修者，同论。解：诸天，谓欲、色、无色三界梵王帝释等及道教天尊真人神君等；先圣，谓尧舜周孔等；正神，谓岳渎城隍等；贤人君子，谓忠臣孝子义夫节妇等。

刊刻大乘经、律、论，所费百钱为一善。二乘及人天因果，所费二百钱为一善。若受贿者非善。印施流通者，同论。解：贿，谓取价货卖等。人天，谓佛菩萨所说五戒十善及世间正法、六经论孟先圣先贤嘉言善行等。

建立三宝寺院庵观及床座供器等，所费百钱为一善。施地与三宝，所值百钱为一善。护持常住不使废坏者，同论。建立诸天正神圣贤等庙宇，所费百钱为一善，用荤血祭祀者非善。

施香灯烛油灯物供养三宝，所费百钱为一善。

受菩萨大戒，为四十善；小乘戒，为三十善；十戒，为二十善；五戒，为十善。

注释正法大乘经律论，一卷为五十善。卷数虽多，止千五百善。二乘及人天因果，一卷为一善。卷多，止三百善。若僻任臆见者非善。

自己著述编辑出世正法文字，一卷为二十五善。卷多，止五百善。人天因果，一卷为十善。卷多，止百善。若谈说无益者非善。

见伪造经劝人莫学者，为一善。

为君王父母亲友知识法界众生诵经，一卷为二善。佛号，千声为二善。礼忏，百拜为二善。若受贿者非善。为自己，经一卷佛千声忏百拜俱一善。

为君父乃至法界众生施食一坛，所费百钱为一善。登坛施法者，一度为三善。若受贿者非善。为世间灾难作保禳道场，所费百钱为一善。若受贿者非善。

讲演大乘经律论，在席五人为一善。人数虽多，止百善。二乘及人天因果，在席十人为一善。人多，止八十善。若受贿者非善，图名者非善，讲演虚玄外道无益于人者非善。

礼拜大乘经典，五十拜为一善。

讲演正法处，至心往听，一席为一善。

饭僧，因其来乞而与者，三僧为一善。延请至家者，二人为一善。送供到寺者，一僧为一善。若尽诚尽敬者，一僧为五善。再三苦求而后与者非善。

饭僧不拒乞人，平等与食者，二人为一善。

护持僧众，一人为一善。所护匪人者非善。

度大德贤弟子，一人为五十善；明义守行弟子，一人为十善；但明义、但守行弟子，一人为五善。若泛滥度者非善。解：大德贤弟子，谓能续佛慧命，普利人天者是也；但者，明义守行各止得其一也。

杂善类

不义之财不取，所值百钱为一善。无害于义可取而不取，百钱为二善。处极贫地而不取，百钱为三善。

当欲染境，守正不染，为五十善。势不能就而止者非善。

借人财物，如期而还，不过时日者，为一善。

代人完纳债负，百钱为一善。

让地让产，百钱为一善。

义方训诲子孙，一事为一善。大家禁约家人门客者，同论。

劝人出财作种种功德者，所出百钱为一善。图名利而募化者非善。

劝人息讼，免死刑一人，为十善；军刑、徒刑一人，为五善；杖刑一人，为二善；笞刑一人，为一善。劝和斗争，为一善。若受贿者非善。

发至德之言，一言为十善。解：如宋景公三语（见《史记》、《春秋》），杨伯起四知之类是也。

见善必行，一事为一善。知过必改，一事为一善。

论辩虚心下贤理长则受者，一义为一善。

举用贤良，一人为十善。驱逐奸邪，一人为十善。扬人善，一事为一善。隐人恶，一事为一善。见传播人恶者，劝而止之，为五善。

于诸贤善恭敬供养，一人为五善。见人侵毁贤善，劝而止之，为五善。

劝化人改恶从善，一人为十善。

成就一人家业，为十善。成就一人学业，为二十善。成就一人德业，为三十善。

许友，义不负然诺，为十善。义不负身命，为百善。义不负财物寄托，百钱为一善。解：然诺，如挂剑树上之类；身命，如存孤死节之类；财物，如还金幼子之类。

有恩必报，一事为一善。报恩过分，为十善。有仇不报，一事为一善。若怀公道报私恩者非善。

著破补衣，一件为二善；粗布衣，一件为一善。若原无好衣而著者非善，矫情干誉者非善。

肉食人减省食，一食为一善。素食人减省食，一食为二善。若无力办好食而减者非善。

肉食人见杀不食，为一善；闻杀不食，为一善；为己杀不食，为一善。

忍受人横逆相加，一事为一善。

拾遗还主，所值百钱为一善。

引过归己，推善与人，一事为二善。

名位财利等安分听天不夤缘营谋者，一事为十善。

处众常思为众，不为己者，所处之地，一日为十善。

宁失己财，宁失己位，使他人得财得位者，为五十善。

遇失利及诸患难，不怨天尤人而顺受者，一事为三善。

祈福禳灾等，但许善愿，不许牲祀者，为五善。

传人保养身命书，一卷为五善；救病药方，五方为一善。若受贿者非善，无验妄传者非善。

拾路遗字纸火化，百字为一善。

有财有势，可使不使，而顺理安分者，一事为十善。权势可附而不附者，为十善。

人授炉火丹术，辞不受者，为三十善。人授已成丹银，弃不行使者，所值百钱为一善。

过 门

不忠孝类

事父母失敬失养，一事为一过。违犯义方之训，一事为一过。

父母责怒，生嗔者，为一过；抵触者，为十过。父母所爱者故薄之，一事为一过。父母去世后，应资荐不资荐，一度为十过。父母有失，不能善巧劝化，一事为一过。

不敬养祖父母继母，一事为一过。

事国家不竭忠尽力，一事为一过。当直言不直言，小事为一过，大事为十过，极大事为百过。违犯时王之制，一事为一过。虚言欺罔，一事为一过。

不敬奉师长，一日为一过。不依师良诲，一言为一过。反背，为三十过。若师不贤而舍之者，非过。解：反背，如陈相学许行之类；不贤而舍，如目连离外道之类。

兄弟相仇者，一事为二过。欺凌异母所出及庶出者，一事为三过。

不仁慈类

重病求救不救，一人为二过；小疾，一人为一过。无财无术而不救者非过。

修合毒药，为五过。欲害人，为十过。害人一命，为百过。不死而病，为五十过。害禽畜，一命为十过。不死而病，为五过。

咒祷厌诅，害人一命为百过。不死而病，为五十过。

错断人死刑成，为八十过；故入，为百过。错断人军刑、徒刑成，为三十过；故入，为四十过。错断人杖刑成，为八过；故入，为十过。错断人笞刑成，为四过；故入，为五过。私家治责奴婢仆人之属者，同论。解：错，谓无心；故，谓有心。

非法用刑，一用为十过。无罪笞人，一下为一过。

谋人死刑成，为百过；不成，为五十过；举意，为十过。军刑、徒刑成，为四十过；不成，为二十过；举意，为八过。杖刑成，为十过；不成，为八过；举意，为五过。笞刑成，为五过；

不成，为四过；举意，为三过。

父母溺初生子女，一命为五十过。堕胎，为二十过。解：上帝垂训，父母无罪杀儿，是杀天下人民也，故成重过。

杀降屠城，一命为百过。以平民作俘虏者，一人为五十过。致死，为百过。

主事明知冤枉，或拘忌权势，或执守旧案，不与伸雪者，死刑成，为八十过。军刑、徒刑，为三十过。杖刑，为八过。笞刑成，为四过。若受贿者死刑，为百过。以下，俱同谋人。诸枉法断事，随轻重，亦同前论。

心中暗举恶意，欲损害人，一人为一过。事成，一人为十过。

故杀伤人，一命为百过。伤而不死，为八十过。使人杀者，同论。

故杀有力报人之畜，一命为二十过。误杀，为五过。故杀无力报人之畜，一命为十过。误杀，为二过。故杀微畜，一命为一过。误杀，十命为一过。故杀极微畜，十命为一过。误杀，二十命为一过。以上使人杀者，同论。赞助他杀者，同论。逐日饮食杀者，同论。畜养卖与人杀者，同论。妄谈祸福，祭祷鬼神杀者，同论。修合药饵杀，同论。看蚕者与畜养杀，同论。

故杀害人之畜，一命为一过。误杀，十命为一过。

见杀不救，随上所开过减半，无门可救者非过。不可救而不生慈念，为二过。解：减半者，如杀有力报人之畜二十过，今十过是也，以此类推。

耕牛乘马家犬等，老病死而卖其肉者，大命为十过，小命为五过。

时当禁屠故杀者，随上所开过，加一倍。私买者，同论。居上位反为民开杀端者，同论。解：加一倍者，如杀有力报人之畜二十过，今四十过是也，下以次增同上。

非法烹炮生物，使受极苦者，一命为二十过。解：如活烹鳖蟹、火逼羊羔之类是也。

放鹰走狗钓鱼射鸟等，伤而不死，一物为五过。致死，与前故杀诸畜同论。发蛰惊栖填穴覆巢破卵伤胎者，同论。发蛰等，因作善事误伤非过。解：作善误伤，如修桥砌路建寺造塔，种种善事，本出好心，故不为过，然须忏悔资荐。

笼系禽畜，一日为一过。见人畜死，不起慈心，为一过。

见鳏寡孤独穷民饥渴寒冻等不救济，一人为一过。无财者非过。

欺弄损害盲人、聋人、病人、愚人、老人、小儿者，一人为十过。

见人有忧，不为解释，为一过；反生畅快，为二过；更增其忧，为五过。见人失名失利，心生欢喜，为二过。见人富贵，愿他贫贱，为五过。

荒年囤米不发，坐索高价者，为五十过。遏籴者，亦同此论。

逼取贫民债负，使受鞭扑罪名，为五过。借人财物不还，百钱为一过。

役使人畜，至力竭疲乏，不矜其苦而强役者，一时为十过。加之鞭笞者，一杖为一过。

放火烧人庐舍山林者，为五十过。因而害人，一命为五十过。害畜，如前杀畜同论。本意欲害人命者，一命为百过。

掘人冢弃人骨殖者，一冢为五十过。平人冢，一冢为十过。太古无骨殖者非过。

依势白占人田地房屋等，所值百钱为十过。贱价强买，百钱为一过。

损坏道路，使人畜艰于行履，一日为五过。损坏义井凉亭桥梁渡船等，俱同论。

居上官轻坏卑职前程，一人为三十过。枉法坏之者，为五十过。凡居上凌虐下人者，同论。

幽系婢妾，一人为一过。谋人妻女，一人为五十过。

三宝罪业类

废坏三宝尊像，所值百钱为二过。废坏诸天治世正神贤人君子等像，所值百钱为一过。荤血邪神惑世者非过。

以言谤斥佛菩萨罗汉，一言为五过。谤斥诸天正神圣贤，一言为一过。斥邪救迷，出言真诚者非过。

礼佛失时，为一过，因病因正事非过。荤、辛、酒、肉、触欲、失时，为五过。六斋日犯者，加一倍论。

毁坏三宝殿堂床座诸供器等，所值百钱为一过。诱他人使之毁坏者，同论。见毁坏不谏劝，为五过。反助成，为十过。诸天正神圣贤等庙宇，所值二百钱为一过。荤血淫祠惑世者非过。解：诱，谓他本无心，我教彼为之；助，谓他先欲毁，我从旁赞之。

占三宝地，所值百钱为一过。占屋宇等，同论。

新立荤血祭祀神祠，一所为五十过。神像一躯，为十过。重修者，祠像各减半论。

毁坏出世正法经典，所值百钱为二过。二乘人天因果，所值百钱为一过。

谤讪出世正法经典，一言为十过。人天因果，一言为五过。

吝法不教，为十过，因彼不足教者非过。阻隔善法，不使流通，为十过。属于邪见谬说者非过，虽属善法时当韬晦，顺时休止者非过。

诵经差一字，为一过。漏一字，为一过。心中杂想，为五过。想恶事，为十过。外语杂事，为五过。语善事，为一过。起身迎待宾客，为二过，王臣来者非过。不依式苟且诵，为五过。诵时发嗔，为十过。骂人，为二十过。打人，为三十过。写疏差漏者，同论。

以外道邪法授弟子者，一人为二十过。

著撰伪经，一卷为十过。

讲演邪法惑众，在席一人为一过。往彼听受，一席为一过。

讲演正法任己僻见违经旨背先贤者，在席五人为一过。

著撰脂粉词章传记等,一篇为一过。传布一人,为二过。自己记诵,一篇为一过。解:一篇,谓诗一首、文一段、戏一出之类。

传人厌魅堕胎种种恶方，一方为二十过。

僧人乞食不与，一人为一过。非僧人乞食不与，二人为一过。无而不与者非过。不与而反加斥辱者，为三过。僧不饭僧而拒绝者，一僧为二过。解：上谓俗不斋僧，其过犹轻；下谓僧不斋僧，其过尤重。

畜养恶弟子不遣去者，一人为五十过。弟子有过不训诲，小事，一事为一过；大事，一事为十过。

杂不善类

取不义之财，所值百钱为一过。处大富地而取者，百钱为二过。

欲染极亲，为五十过；良家，为十过；娼家，为二过；尼僧节妇，为五十过。见良家美色起心私之，为二过。解：此为在俗者。若出家僧，不论亲疏良贱，但犯，俱五十过。起心私之，俱二过。

盗取财物，百钱为一过。零盗积至百钱，为一过。瞒官偷税者，同论。威取诈取，百钱为十过。

主事受贿而擢人官出人罪，百钱为一过。受贿而坏人官入人罪，百钱为十过。

借人财物不还，百钱为一过。负他债愿他身死，为十过。

斗称等小出大入，所值百钱为一过。

见贤不举，为五过。反挤之，为十过。见恶不去，为五过。反助之，为十过。隐人善，一事为一过。扬人恶，一事为一过。有言责而举恶者非过，为除害救人而举恶者非过。

刻意搜求先贤之短，创为新说者，一言为一过。于理乖违者，一言为十过。做造野史小说戏文歌曲诬污善良者，一事为二十过。不审实，传播人隐私及闺帏中事者，一事为十过。全无而妄自捏成者，为五十过。递送揭贴，发人恶迹，半实半虚者，为二十过。全虚者，为五十过。言言皆实，而出自公心，为民除害者非过。

募缘营修诸福事，而盗用所施入已者，百钱为一过。三宝物，十钱为一过。因果差移，百钱为一过。

赞助人词讼，死刑成，为三十过。军刑徒刑成，为二十过。杖刑成，为十过。笞刑成，为五过。赞助人斗争，为一过。若教唆取利，死刑成，为百过。军刑徒刑成，为三十过。笞刑成，为十五过。离间人骨肉者，为三十过。破人婚姻，为五过，理不应婚者非过。

出损德之言，一言为十过。解：如金陵三不足；曹孟德，宁我负人，毋人负我之类是也。

虚诳妄语，一事为一过。因而害人，为十过。

见善不行，一事为一过。有过不改，一事为一过。过不认过，反争为是，对平交，为二过；对父母师长，为十过。

论辩偏执己见，不服善者，一义为一过。

不教诲子孙，任其为不善者，一事为一过。纵容家人门客者，同论。

大贤不师，为五过。胜友不交，为二过。反加谤毁欺侮，为十过。

恶语向所尊，为十过；向平交，为四过；向卑幼，为一过；向圣人，为百过；向贤人君子，为十过。

教人为不善，一事为二过。教人不忠不孝等大恶者，一事为五十过。见人为不善，不谏劝者，为一过。大事，为三十过。知彼刚愎，决不受谏者，非过。

造人歌谣，取人插号者，一人为五过。

妄语不实，一言为一过。自云证圣，诳惑世人者，一言为五十过。

许友负信，小事，为一过；大事，为十过。负财物寄托者，百钱为一过。

有恩不报，一事为一过。有怨必报，一事为一过。报怨过分，为十过。致死，为百过。于所怨人，欲其丧灭，为一过。闻怨灭已，心生欢喜，为一过。

肉食，一食为一过。违禁物，若龟鳖之类，一食为二过。有义物，若耕牛乘马家犬之类，一食为三过。解：以上谓市买者，若自杀食，在前故杀中论。

饮酒，为评议恶事饮，一升为六过。与不良人饮，一升为二过。无故与人常饮，为一过。奉养父母、延待正宾者非过，煎送药饵者非过。

开酒肆招人饮，一人为一过。

五辛，无故食，一食为一过。治病服者非过。食后诵经，一卷为一过。

六斋日食肉，一食为二过。食而上殿，为一过。饮酒啖五辛者，同论。

过分美衣，一衣为一过；美食，一食为一过。唯奉养父母非过。解：过分者，谓富贵人分应受福，然于本等享用外，过为奢侈是也。唯除父母，不曰祀神宴宾者，《周易》二簋（guǐ）可享，茅容蔬食非薄是也。

斋素人，必求美衣美食，一衣为一过，一食为一过。解：谓既知斋素，自合惜福。虽是布衣，必求精好，虽是菜食，必求甘美，亦折福故。

轻贱五谷天物，所值百钱为一过。

贩卖屠刀渔网等物，所费值百钱为一过。

拾遗不还主，所值百钱为一过。

有功归己，有罪引人，一事为二过。

名位财利，夤缘营谋，而求必得，不顾非义者，一事为十过。

处众唯知为己，不为众者，所处之地，一日为一过。

宁他人失财失位，而唯保全自己财位者，为五十过。

遇失利及诸患难，动辄怨天尤人者，一事为三过。

祈福禳灾等不修福事，而许牲牢恶愿者，为十过。所杀生命，与杀畜同论。解：十过者，但许愿时，心已不良故，至后酬愿宰杀时，另与杀畜同论。

救病药方，不肯传人者，五方为一过。未验恐误人者非过。

遗弃字纸不顾者，十字为一过。

离父母出家，更拜他人作干父母者，为五十过。

人授炉火丹术受之，为三十过。行使丹银，所值百钱为三过。实成真金，煎烧百度不变者，非过。

补 遗

无故殿上行，塔上登者，为五过。殿塔上荤酒污秽者为十过。解：故谓烧香扫地讽经等。

受贿嘱托，擢官出罪等，五百钱为一过。受贿嘱托坏官入罪等，五百钱为十过。

（《莲池大师全集》第四册）